高校 これでわかる
生物基礎

文英堂編集部　編

文英堂

基礎からわかる！

成績が上がるグラフィック参考書。

1 ワイドな紙面で、わかりやすさバツグン

2 わかりやすい図解と斬新レイアウト

3 イラストも満載、面白さ満杯

4 どの教科書にもしっかり対応
- ▶ **学習内容が細かく分割**されているので、どこからでも能率的な学習ができる。
- ▶ **テストに出やすいポイント**がひと目でわかる。
- ▶ 方法と結果だけでなく、考え方まで示した**重要実験**。
- ▶ **図が大きくてくわしい**から、図を見ただけでもよく理解できる。
- ▶ 生物の話題やクイズを扱った **ホッとタイム** で、学習の幅を広げ、楽しく学べる。

5 章末の定期テスト予想問題で試験対策も万全！

もくじ

1編 細胞と遺伝子

1章 生物の多様性と共通性

1 生命とは …………………………………… 6
2 細胞のつくりの共通性 …………………… 8
3 細胞に見られる多様性 …………………… 10
4 細胞を構成する物質 ……………………… 12
5 代謝とエネルギー ………………………… 14
6 酵素とその働き …………………………… 16
7 光合成 ……………………………………… 18
8 呼吸(細胞呼吸) …………………………… 20
重要実験 顕微鏡の使い方,ミクロメーターの使い方 …… 22
重要実験 葉緑体の観察 …………………… 24
テスト直前チェック ……………………………… 25
定期テスト予想問題 ……………………………… 26
ホッとタイム 脊椎動物の前肢 …………… 29

2章 遺伝子とその働き

1 DNAの構造 ……………………………… 30
2 DNAの複製と細胞周期 ………………… 34
3 遺伝情報(DNA)の分配 ………………… 38
4 遺伝情報とタンパク質の合成 …………… 42
5 ゲノムと遺伝情報 ………………………… 46
重要実験 体細胞分裂の観察,だ腺染色体の観察 …… 48
テスト直前チェック ……………………………… 50
定期テスト予想問題 ……………………………… 51
ホッとタイム ヒト万能細胞とこれからの医療 …… 54

2編 生物の体内環境の維持

1章 個体の恒常性の維持

1 体内環境と体液 …………………………………… 56
2 循環系とそのつくり ……………………………… 58
3 血液の凝固 ………………………………………… 62
4 肝臓の働き ………………………………………… 63
5 体液の濃度調節 …………………………………… 64
6 腎臓の働き ………………………………………… 66
重要実験 魚類の血流と血球の観察 ……………… 68
テスト直前チェック ……………………………………… 69
定期テスト予想問題 ……………………………………… 70
ホッとタイム 輸血と血液型の話 ………………………… 73

2章 体内環境の調節と免疫

1 自律神経系 ………………………………………… 74
2 ホルモンと内分泌腺 ……………………………… 76
3 ホルモンの相互作用 ……………………………… 78
4 自律神経とホルモンによる協同 ………………… 80
5 免　疫 ……………………………………………… 84
重要実験 カイコの生体防御のしくみを調べる …… 88
テスト直前チェック ……………………………………… 89
定期テスト予想問題 ……………………………………… 90
ホッとタイム 腎臓移植と免疫 …………………………… 92

3編 生物の多様性と生態系

1章 植生とその移り変わり

1 さまざまな植生と物質生産 …………………………… 94
2 植物の成長と光 ……………………………………… 98
3 植生の遷移 …………………………………………… 100
4 気候とバイオーム …………………………………… 102
5 日本のバイオーム …………………………………… 104
重要実験 植生調査〔方形枠法〕 ……………………… 106
テスト直前チェック …………………………………… 107
定期テスト予想問題 …………………………………… 108

2章 生態系とその保全

1 生態系 ………………………………………………… 110
2 物質循環とエネルギー ……………………………… 112
3 生態系のバランスと人間活動 ……………………… 116
4 地球規模の環境問題 ………………………………… 120
重要実験 河川の環境調査〔水質の指標生物〕 ……… 124
重要実験 土壌動物の調査 …………………………… 125
重要実験 マツの気孔による大気汚染調査 ………… 126
テスト直前チェック …………………………………… 127
定期テスト予想問題 …………………………………… 128
ホッとタイム 環境指標生物名パズル ……………… 130

定期テスト予想問題 の解答 ………………………… 131
ホッとタイム の解答 ………………………………… 140
さくいん ……………………………………………… 141

1編 細胞と遺伝子

1章 生物の多様性と共通性

1 生命とは

✦ 1. 種
生物を分類する基本単位。同種の個体間では、自然状態で繁殖力のある子孫をつくることができる。

✦ 2. 多様性と共通性
生物には、分子、細胞、組織から生態系のレベルなどさまざまな**階層性**があり、さまざまな階層で多様性と共通性が見られる。
例 同じヒトでも身長・体重などの個体差があるが、ヒトという種に共通する形質がある。
例 森林・草原・砂漠・川・海など多様な生態系があるが、どの生態系にも生産者・消費者・分解者が存在する。

✦ 3. 適 応
生物の形態や機能が、生息環境に適するようになっていること。

✦ 4. 原核生物（⇒p.10）
核をもたない細胞でからだができている生物。

■ 現在の地球上には190万種以上の多様な生物種が、さまざまな環境のもとで生息している。

1 多様な生物にも共通点がある！

■ **共通性** 生物は**多様性**に富む一方で、**共通性**もある。これは、すべての生物が**共通の祖先**から進化してきたためであり、**からだの構造や機能、エネルギー調達のしくみ**などに共通性が見られる。

■ **連続性(遺伝と進化)** 生物は**遺伝**によって親の形質を受け継ぐが、世代を重ねるうちに、祖先の生物とは形質が少しずつ変化して**進化**していく。

すべての生物は共通の祖先から進化してきたため、**連続性をもって変化**している例も見られる。例えば、脊椎動物を陸上生活への適応という観点で見ると、発生のしかた・形態・機能などの点で、両生類→ハ虫類→鳥類・哺乳類へと連続的な変化が見られる。

このように、共通の祖先がさまざまな生息環境に適応しながら、いろいろな方向に分岐しつつ進化したため、生物には多様性、共通性、連続性があるのである。

■ **系統** 生物の進化にもとづく類縁関係を**系統**という。系統の分岐のようすを、枝分かれした樹木のような形に示したものを**系統樹**という。生物の共通の祖先は、単細胞の原核生物だったと考えられている。

> **ポイント** 生物は**共通の祖先**から連続的に**進化**してきた。
> ⇒生物は**多様**だが、すべての生物に**共通する特徴**がある。

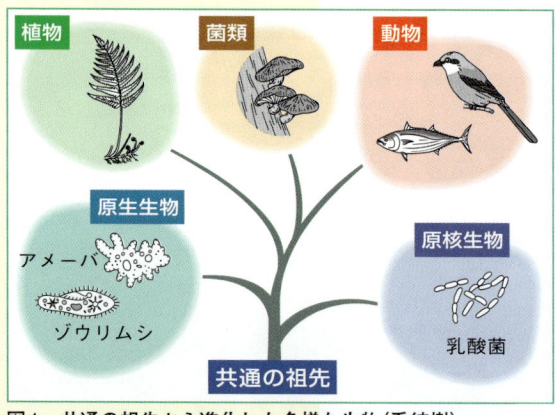

図1. 共通の祖先から進化した多様な生物（系統樹）

2 生物に共通する5つの特徴とは？

■ 地球上のすべての生物には，次の5つの基本的な特徴がある。

① **細胞膜をもつ** 生物のからだは，**細胞膜**で外界と隔てられた**細胞**からできている。また，**細胞は細胞分裂でつくられる**。

② **DNAをもつ** 遺伝物質として**DNA（デオキシリボ核酸）**を利用している。

③ **自分と同じ形質をもつ個体をつくる（生殖）**
生物のもつ**遺伝情報**は，細胞分裂によって細胞から細胞に伝えられ，また，生殖によって親から子へと受け継がれる。そのため生物は，**自分と同じ形質をもつ子孫をつくる**。

④ **エネルギーを利用する** 生物は，いろいろな化学反応（**代謝**⇒p.14）を，エネルギーを利用して行っている。そのため，何らかの方法で**エネルギーを調達**する必要がある。
　植物は，**光合成**(⇒p.18)により太陽の**光エネルギーを有機物の中の化学エネルギーに変換**し，そのエネルギーを利用して生きている。
　動物は，植物がつくった有機物を，直接・間接的に取り入れ，**呼吸**(⇒p.20)によって**分解し，そのとき取り出した化学エネルギーを利用している**。その化学エネルギーは，**ATP（アデノシン三リン酸**⇒p.15)を仲立ちとして生命活動に利用される。

⑤ **体内の環境を一定に保つ** 生物は，**まわりの環境が変化しても体内の状態を一定に保とうとするしくみをもっている**。これを，**恒常性（ホメオスタシス**⇒p.56）という。

> **ポイント**
> 生物に共通する5つの特徴
> ① **細胞膜をもつ。**
> ② **DNAをもつ。**
> ③ 自分と**同じ形質をもつ個体をつくる。**
> ④ **エネルギーを利用する。**
> ⑤ **体内の環境を一定に保つ。**

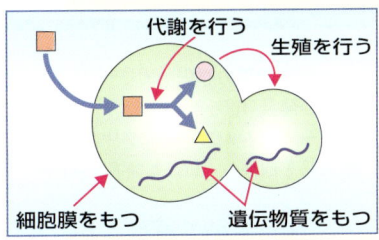
図2．生物に共通する特徴
生物の共通の祖先が約40億年前に出現したときにもっていた基本的な特徴を，すべての生物が受け継いでいる。

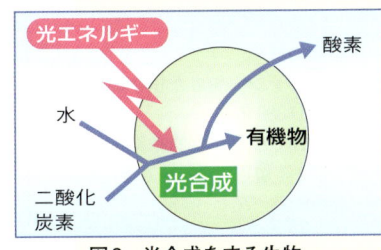
図3．光合成をする生物

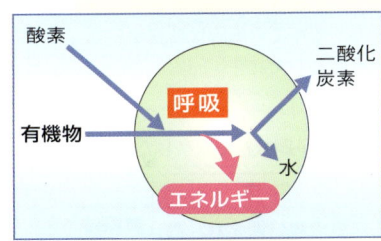
図4．呼吸をする生物

5. 細胞内で光合成や呼吸を行う部分(⇒p.18~21)
植物や動物の細胞では，**光合成は葉緑体，呼吸（細胞呼吸）はミトコンドリア**で行われている。葉緑体やミトコンドリアは，光合成をするシアノバクテリア（ラン藻）や呼吸をする細菌が，ほかの生物に共生するようになってできたと考えられている。

2 細胞のつくりの共通性

|参考| **細胞発見の歴史**
● 細胞の発見（1665年）
　ロバート　フック　コルク片の細胞壁を観察し，cellと命名。

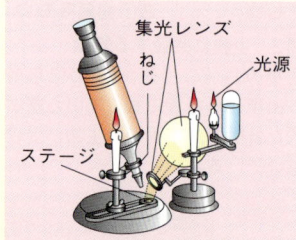

図5．フックの顕微鏡

● 細胞説の提唱
　シュライデン　生きた植物細胞を観察（1838年）。
　シュワン　生きた動物細胞を観察（1839年）。
　細胞説＝すべての生物のからだは細胞から成る。
● 細胞説の確立（1855年）
　フィルヒョー　細胞分裂を観察し，すべての細胞は細胞からできるとした。

■ 生物のからだは，すべて細胞からできている。そして，アメーバのような<u>単細胞生物</u>でも，ヒトのような<u>多細胞生物</u>でも，その基本的なつくりや機能は共通している。

1 植物と動物の細胞には共通性がある！

■ 植物や動物のからだをつくる細胞は，**核**と**細胞質**に分けられる。真核細胞を顕微鏡で観察すると，核をはじめ，**葉緑体**や**ミトコンドリア**などの**細胞小器官**が見られる。

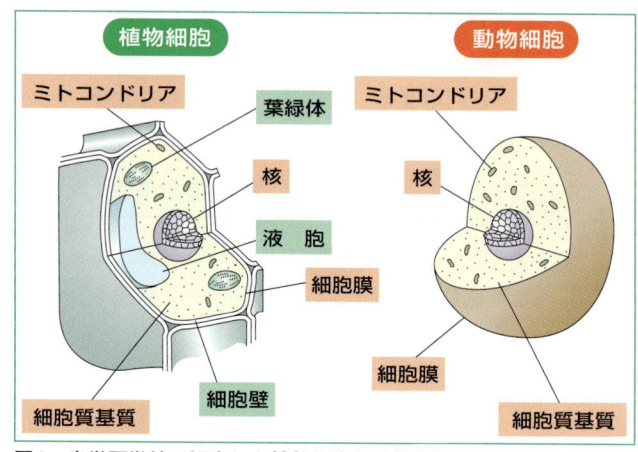

図6．光学顕微鏡で観察した植物細胞と動物細胞

図7．電子顕微鏡で観察した植物細胞と動物細胞　|発展| リソームは，細胞内消化に関係する。

特徴	見え方
二重の膜に囲まれ，内部には袋状のチラコイドが層になったグラナ，基質部分のストロマがある。光合成を行う。	葉緑体：ストロマ，グラナ，チラコイド
液胞の内部には細胞液が入っており，炭水化物，無機塩類，色素などの貯蔵や体液濃度の調節に役立っている。	液胞，液胞膜
小胞体は，リボソームで合成されたタンパク質の輸送路。リボソームがついていない小胞体は滑面小胞体という。	粗面小胞体，小胞体，リボソーム

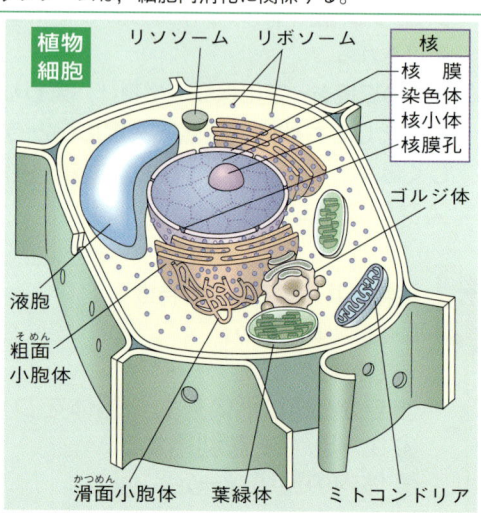

8　1編　細胞と遺伝子

2 働きはまとめて覚えよう！

■ 細胞小器官の働きは次の表のようにまとめられる。

表1. 細胞小器官の働きと特徴

細胞小器官			働きや特徴
原形質★1	核	核膜	核と細胞質をしきる膜で，核膜孔を通して物質が出入りする。
		染色体	遺伝子の本体であるDNAとタンパク質からできている。
		核小体	DNAとは異なる核酸(RNA)を含む。
	細胞質	細胞膜	細胞をしきる膜で，細胞内外の物質の出入りを調節する。
		ミトコンドリア (⇨p.20)	呼吸に関する多くの酵素(⇨p.16)をもつ。酸素を使って有機物を分解して生命活動に必要なエネルギーを取り出す呼吸の場。
		葉緑体 (⇨p.18)	緑色の色素クロロフィルを含む，光合成の場。光エネルギーを利用して，水と二酸化炭素から有機物を合成する。植物細胞に存在。
		細胞質基質	多くの酵素を含む，代謝やエネルギー代謝の場(⇨p.14)。
生命活動をなしていない部分		細胞壁	セルロースなどから成り，植物細胞の形を保つ。植物細胞に存在。
		細胞液	液胞中の液体で，糖やアントシアン(紫や赤の色素)などを含んでいる。液胞は，植物細胞で発達している細胞小器官。

ポイント

	植物細胞	動物細胞
ミトコンドリア	あり	あり
葉緑体	あり	なし
細胞壁	あり	なし
液胞	発達している	発達していない

★1. 細胞のつくりと生命活動
核と細胞質は盛んに生命活動をしているので，この部分を原形質ということがある。細胞壁や細胞液などは，エネルギーを使った生命活動をしていないので，原形質には含めない。

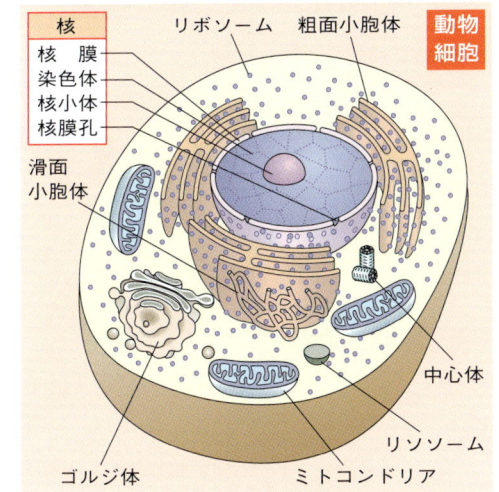

	見え方	特徴
核	核膜孔／核膜／核小体／染色体	核内に細い糸状の染色体があり，細胞全体の生命活動をコントロールしている。
ミトコンドリア	クリステ／マトリックス	二重の膜に囲まれ，ひだ状の内膜をクリステ，内膜に囲まれた部分をマトリックスという。
中心体		中心に2つの中心粒を含む。細胞分裂時の染色体の移動や，べん毛の形成などに関係する。
ゴルジ体		細胞で合成した物質を細胞外に出す。消化腺など分泌の盛んな動物細胞で発達している。

1章 生物の多様性と共通性

3 細胞に見られる多様性

細胞のつくり	原核細胞	真核細胞	
		植物細胞	動物細胞
核　膜	×	○	○
細胞膜	○	○	○
ミトコンドリア	×	○	○
葉緑体	×	○	×
細胞壁	○	○	×
液　胞	×	○	○※

表2. 原核細胞と真核細胞の比較
○は存在する、×は存在しない。
※動物細胞の液胞は非常に小さい。

生物のからだをつくる細胞の基本的なつくりは共通だが、核をもたない細胞や、単細胞生物のように単独で生命活動を行う細胞があるなど、細胞レベルでの多様性も見られる。

1 真核と原核はどこがちがう？

■ **真核細胞**　核膜で包まれた核をもつ細胞を**真核細胞**といい、ミトコンドリアなど核以外の細胞小器官も見られる。真核細胞でからだができている生物を**真核生物**という。
例 細菌類やシアノバクテリア類以外の生物の細胞

■ **原核細胞**　遺伝物質としてDNAをもつが、それを囲む核膜がなく、核をもたない細胞を**原核細胞**という。原核細胞でからだができている生物を**原核生物**という。
例 大腸菌(細菌類)、シアノバクテリア(ラン藻)類

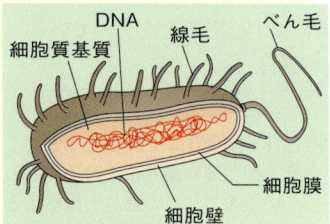

図8. 原核生物のからだのつくり
原核細胞は細胞壁をもつ。

ポイント
真核細胞…核などの細胞小器官をもつ細胞。
真核生物…真核細胞でからだができている生物。
原核細胞…核をもたない細胞。
原核生物…原核細胞でからだができている生物。

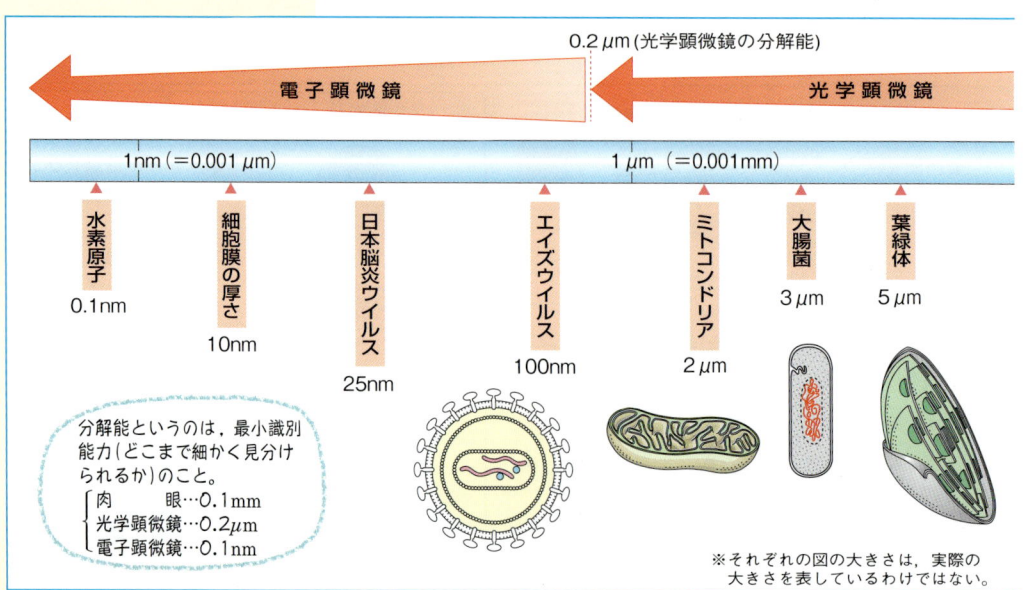

分解能というのは、最小識別能力(どこまで細かく見分けられるか)のこと。
　肉　眼…0.1mm
　光学顕微鏡…0.2μm
　電子顕微鏡…0.1nm

※それぞれの図の大きさは、実際の大きさを表しているわけではない。

2 単細胞生物の細胞は特徴的

■ **単細胞生物の細胞** 単細胞生物は，細胞1個で独立して生活している生物である。単細胞生物では，**生命活動に必要なすべての機能が1つの細胞の中に備わっている**。

例 ゾウリムシ，ミドリムシ，アメーバ

■ **細胞群体** 単細胞生物の中には，一定数の細胞が集まって**細胞群体**（細胞の集合体）をつくり，**1つの個体のように生活する**ものがある。

例 オオヒゲマワリ（ボルボックス），クンショウモ，ユードリナ

参考 **ウイルス**
タバコモザイクウイルス，エイズウイルス，バクテリオファージなどのウイルスは，遺伝物質として核酸をもつが，単独では増殖できないため，生物として扱わない。

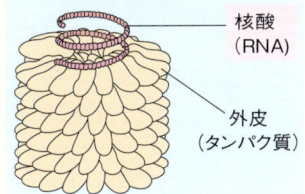

図11．タバコモザイクウイルス
植物細胞に侵入して増殖する。

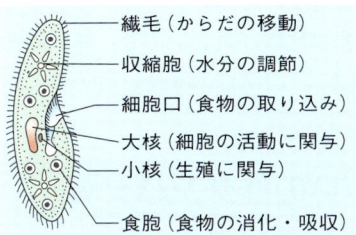

図9．ゾウリムシのからだのつくり
（　）の中はそれぞれの部分の機能

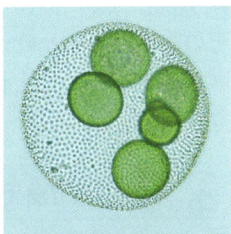

図10．オオヒゲマワリ
葉緑体をもつ多数の細胞が球形の細胞群体となる。

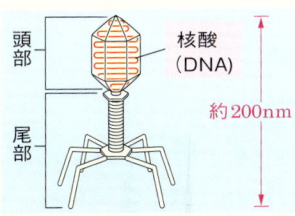

図12．バクテリオファージ
細菌に侵入して増殖する。頭部の中にあるDNA以外はタンパク質でできている。

3 細胞の大きさは視覚的に理解

■ 細胞の大きさや形は非常に多様性に富んでいる。図13を見て，視覚的に理解しておこう。

図13．細胞の形と大きさ

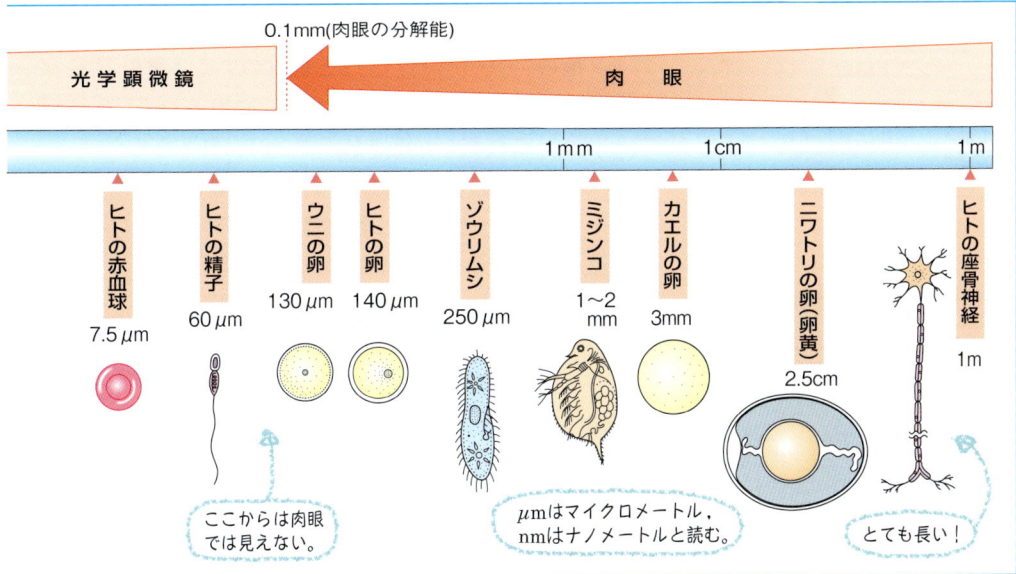

4 細胞を構成する物質

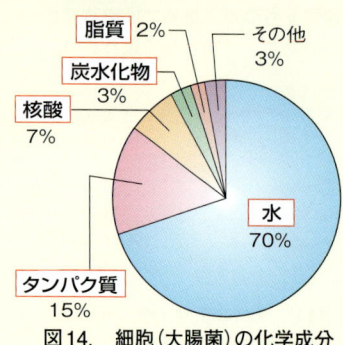

図14. 細胞（大腸菌）の化学成分

■ 細胞は，水・タンパク質・核酸・炭水化物・脂質・無機塩類などの化学物質で構成されている。

1 最も多いのは水

■ **水(H_2O)** 生物の構成成分の中で<u>最も多い物質は水</u>である。水は，いろいろな<u>物質を溶かす</u>ことができ，<u>物質の運搬や化学反応の場</u>としてはたらく。

■ **比熱** 1gの物質の温度を1℃上げるのに必要な熱量をその物質の比熱という。水は<u>比熱が大きいので，体温の急激な変化を防ぐことができる</u>（恒常性の維持 ⇨p.56）に役立つ）。

2 種類が最も多いのはタンパク質

■ **タンパク質** C（炭素），H（水素），O（酸素），N（窒素），S（硫黄）からなる。生物を構成する<u>有機物の中では最も割合が多く，種類も最も多い</u>。タンパク質は，<u>アミノ酸</u>が鎖状に多数つながった化合物で，そのつながり方により，ヘモグロビンや酵素（⇨p.16），ホルモン（⇨p.76），抗体（⇨p.86）など，<u>さまざまな機能をもつ物質の成分</u>になったり，毛やつめなどの<u>からだの構造</u>をつくったりする。

■ **ペプチド結合** [発展] 2つのアミノ酸の間で，一方のアミノ酸の<u>カルボキシル基</u>と他方のアミノ酸の<u>アミノ基</u>から水1分子がとれて結合する。これを<u>ペプチド結合</u>という。これがくり返され，タンパク質となる。

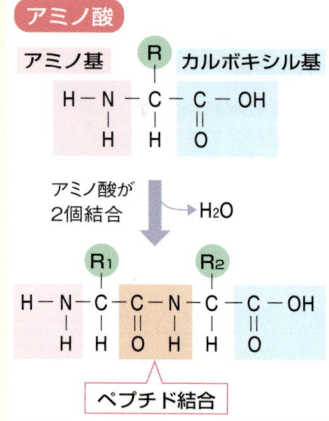

図15. アミノ酸とペプチド結合
カルボキシル基はカルボキシ基ともいう。

■ **タンパク質の構造** [発展] タンパク質は，複雑な立体構造をとる大きな分子で，<u>熱や強い酸・アルカリなどで立体構造が変化する</u>（<u>変性</u>）。

図16. タンパク質の構造

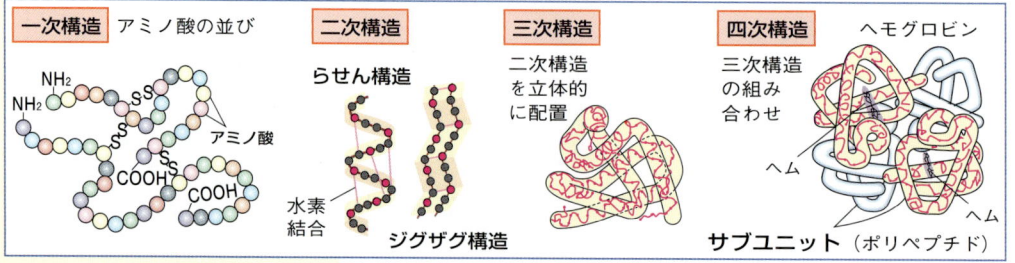

3 遺伝物質となる核酸

■ 核酸　C, H, O, N, P(リン)からなる。塩基・糖・リン酸からなる**ヌクレオチド**が鎖状に多数つながった化合物で，**DNA**(デオキシリボ核酸)と**RNA**(リボ核酸)がある。**二重らせん構造をしたDNAの塩基配列は遺伝情報**となっている（⇨p.31）。

4 エネルギー源となる炭水化物

■ 炭水化物　C, H, Oからなる。グルコースなどの単糖類や，単糖類が多数結合した多糖類のデンプンやセルロースなどがある。**グルコースやデンプンはエネルギー源**，**セルロースは細胞壁の主成分**となる。

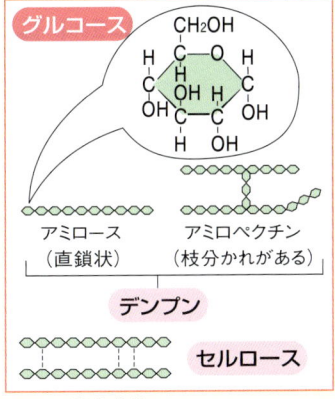

図17. 炭水化物

5 細胞膜の成分は脂質

■ 脂質　脂肪やリン脂質など水に溶けない性質をもつ物質。**脂肪酸とグリセリンからなる脂肪はエネルギー源**，**リンを含むリン脂質は細胞膜の主成分**となる。

6 無機塩類も大事な栄養素

■ 生物にとって必要不可欠な，金属イオンを含む無機物を無機塩類という。ミネラルともいう。

・P(リン)は骨の成分。
・Ca(カルシウム)は歯や骨の成分。筋肉の収縮や血液凝固にも関与。
・Cl(塩素)は体液濃度の調節（⇨p.64）に関与。
・Na(ナトリウム)は神経系の信号伝達や体液濃度の調節に関与。
・K(カリウム)は神経系の信号伝達に関与。
・Mg(マグネシウム)はクロロフィル（⇨p.18）の成分。
・Fe(鉄)はヘモグロビンの成分。

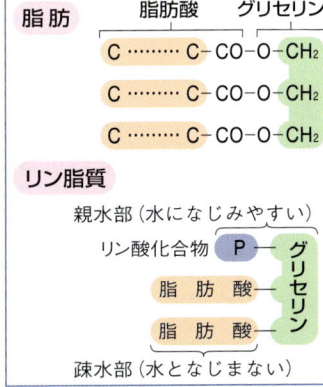

図18. 脂　質
リン脂質は，脂肪の脂肪酸1個がリン酸化合物に変わったもの。

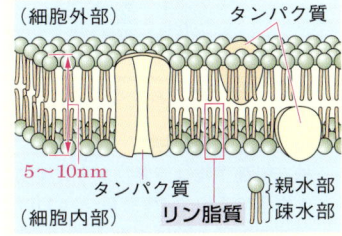

図19. 細胞膜の模式図（流動モザイクモデル）発展
細胞膜は，リン脂質でできた二重層と，そこにモザイク状に分布するタンパク質から成る。細胞膜中のリン脂質やタンパク質は流動的に移動することができ，タンパク質は物質の輸送などに関係する。

> **ポイント**
> **水**：物質を溶かし運搬する。化学反応の場となる。
> **タンパク質**：アミノ酸が多数つながった化合物。そのつながり方により多様な構造と機能をもつ。
> **核酸**：DNAとRNAがある。DNAは遺伝子の本体。
> **炭水化物，脂質**：エネルギー源になったり，細胞の成分となったりする。

1章　生物の多様性と共通性

5 代謝とエネルギー

1. 代 謝
代謝 ┬ 同化：体物質の**合成**
    │   ┬ 炭酸同化（光合成など）
    │   └ 窒素同化
    └ 異化：体物質の**分解**
        ┬ 呼吸
        └ 発酵（⇒p.20）

2. 植物が同化によって合成する有機物は，**炭水化物**，**タンパク質**，**脂質**，**核酸**などである。

■ 細胞内では，いろいろな化学反応が起こっている。

1 代謝によって物質は変化する

■ **代謝**　細胞内で起こる物質の合成・分解などのいろいろな化学反応（物質の変化）をまとめて**代謝**[1]という。

■ **同化**　光合成などのように，CO_2やH_2Oなどの簡単な物質から自分に有用な物質（有機物）[2]を合成する過程を**同化**という。同化は**エネルギーを吸収する反応**である。

同化には，CO_2を同化する**炭酸同化**や，窒素を同化する窒素同化（⇒p.113）などがある。

■ **異化**　呼吸などのように，複雑な有機物を分解して簡単な物質にする過程を**異化**という。異化は**エネルギーを放出する反応**である。

■ **エネルギー代謝**　同化・異化などの代謝の過程では，**エネルギーの変換や出入りを**伴う。これを**エネルギー代謝**という。

> **ポイント**
> **代謝**…細胞内の化学反応。同化と異化。
> **同化**…有機物を**合成**。
> **異化**…有機物を**分解**。

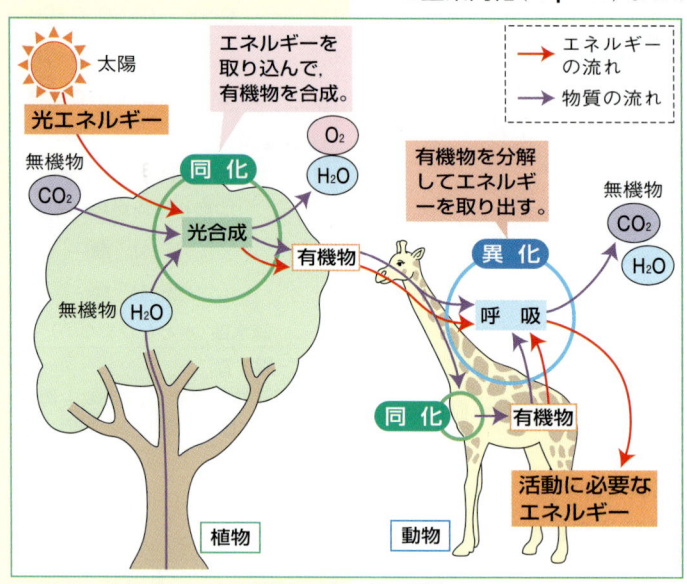

図20. 生物界における代謝とエネルギー代謝

3. 独立栄養生物
独立栄養生物は無機物から有機物を生産するので，生態系（⇒p.110）では**生産者**と呼ばれる。

4. 従属栄養生物
従属栄養生物は，生産者がつくった有機物を直接・間接的に利用するので，生態系では**消費者**と呼ばれる。生産者を食べる動物を一次消費者，一次消費者を食べる動物を二次消費者という（⇒p.110）。

2 独立栄養生物と従属栄養生物とは？

■ **独立栄養生物**　CO_2の同化などによって生体に必要な有機物を合成する能力のある生物を**独立栄養生物**[3]という。
例 植物，光合成細菌（シアノバクテリアなど）

■ **従属栄養生物**　自らは同化ができないため，他の生物がつくった有機物を食物とする生物を**従属栄養生物**[4]という。
例 動物，菌類

③ ATPはエネルギーの通貨

■ **ATP** エネルギー代謝では，**ATP**(アデノシン三リン酸)という物質が仲立ちをしている。

■ **高エネルギーリン酸結合** ATPは，塩基である**アデニン**[5]と糖の一種である**リボース**[6]に3個の**リン酸**が結合した化合物である。このリン酸どうしの結合を**高エネルギーリン酸結合**といい，この結合が切れるとき多量のエネルギーが放出される。

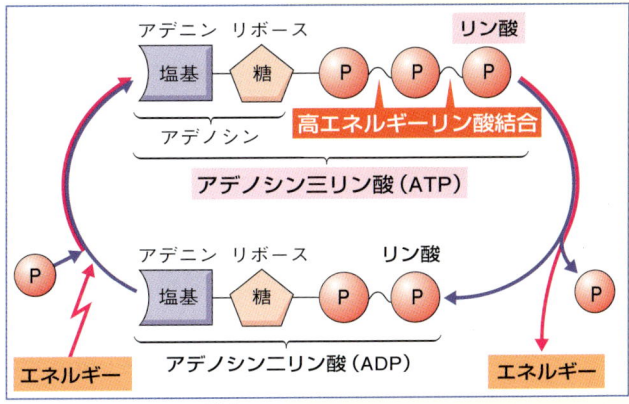

図21. ATPとADPの構造

■ **エネルギーの通貨** 生体内では，ATPをADP(アデノシン二リン酸)とリン酸に分解するときに放出されるエネルギーを生命活動に利用している。また，異化などで生じたエネルギーは，ADPをATPに合成して蓄えている。

生体内で起こる物質の合成・筋収縮・能動輸送・発光・発電など，生命活動で利用されるエネルギーはすべてATPから取り出されたものが使われる。これはすべての生物に共通するため，ATPは「**エネルギーの通貨**」と呼ばれる。

✿5. **アデニン**(⇒p.30)
アデニンはDNAを構成する塩基の1つでもある。同じアデニンを1つは遺伝暗号に，1つはATPに利用している点が注目される。

✿6. **リボース**(⇒p.30)
リボースは炭素数が5個の五炭糖の1つで，$C_5H_{10}O_5$で示される。アデニンとリボースが結合したものを**アデノシン**と呼ぶ。

> **ポイント**
> 〔ATP(アデノシン三リン酸)〕
> アデニン(塩基)＋リボース(糖)＋3個のリン酸
> リン酸どうしの結合は**高エネルギーリン酸結合**
> 生命活動の「**エネルギーの通貨**」となる。

図22. エネルギーの通貨としてのATPのはたらき

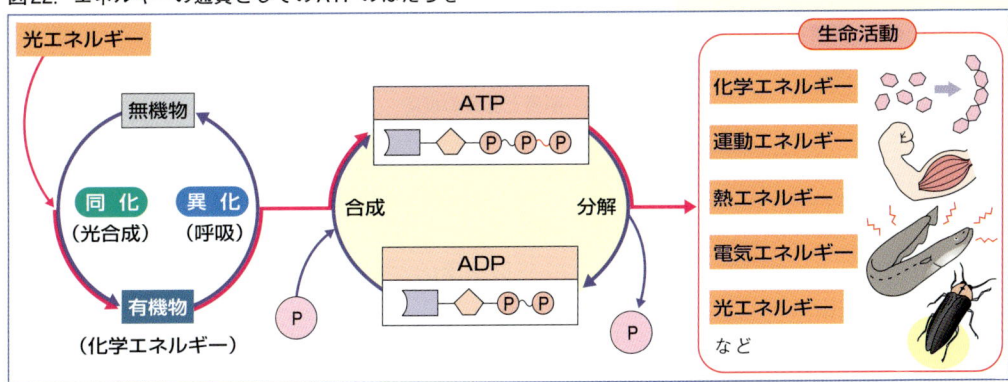

6 酵素とその働き

■ **酵素**は，生体内で起こるさまざまな化学反応の進行を助ける**触媒**として働いている。酵素の主成分はタンパク質であるため，金属などの触媒（無機触媒）とは性質が異なる。

1 酵素は穴ぼこで反応

■ **酵素は触媒である**　酵素は**タンパク質を主成分**とする**生体触媒**である。そのため，**酵素自身は反応の前後で変化せず**，同じ酵素分子が**くり返し触媒として働く**。

■ **活性化エネルギーを減少させる** 発展　化学反応を進行させるためには，物質を反応しやすい状態にする（活性化する）ためのエネルギー（**活性化エネルギー**）が必要である。無機触媒や酵素があると，**必要な活性化エネルギーが減少する**。そのため，生体内のようにそれほど高温でなく，pHが中性に近い条件でも，化学反応を促進させる働きをもつ。

■ **基質と生成物** 発展　酵素の作用を受ける物質を**基質**，反応後に生じる物質を**生成物**という。

■ **活性部位** 発展　酵素には，特有の立体構造をした**活性部位**と呼ばれる凹みがある。基質がここに結合して**酵素－基質複合体**になると，酵素作用を受ける。

★1. 触媒
化学変化の進行を助けるが，それ自身は反応の前後で変化しない物質を**触媒**という。

★2. 無機触媒と生体触媒
白金や二酸化マンガンのような金属や金属の酸化物，無機化合物などを無機触媒と呼ぶ。これに対して，カタラーゼやペプシンなどの酵素は生体内でつくられたタンパク質を主成分とする触媒なので，**生体触媒**と呼ぶ。

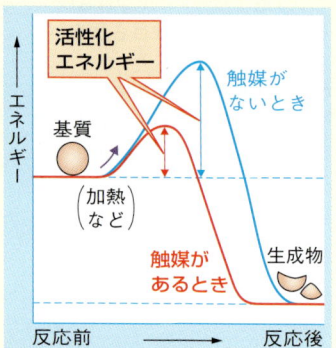

図23. 活性化エネルギーと触媒

★3. 酵素の活性部位の凹みの形に合う基質でない物質（**阻害物質**）がある場合，その物質が活性部位に結合すると，酵素は本来の基質と結合できなくなる。これを**競争阻害**という。

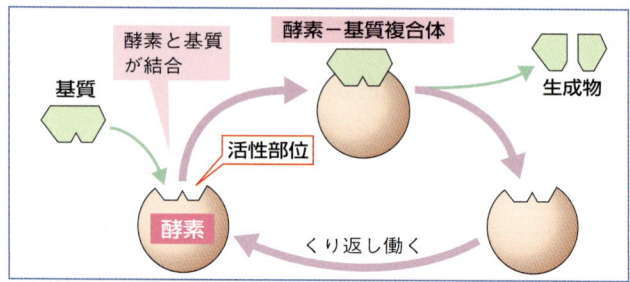

図24. 酵素と基質の反応

> **ポイント**
> **酵素**はタンパク質を主成分とする**触媒**（**生体触媒**）
> ⇒酵素自身は変化せず，くり返し働く。
> **酵素**は化学反応の活性化エネルギーを減少させる。
> **基質**は酵素の**活性部位**に結合し，酵素作用を受ける。
> 基質＋酵素⇒**酵素－基質複合体**⇒生成物＋酵素

1編　細胞と遺伝子

2 無機触媒と異なる酵素 発展

■ **基質特異性** 酵素は，活性部位で基質と結合して化学反応を促進するため，それぞれの**活性部位の立体構造に対応した特定の(原則 1 種類の)基質としか反応しない**。この性質を酵素の**基質特異性**という。

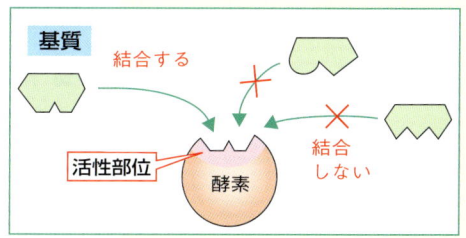
図25. 基質特異性

■ **最適温度** 一般に化学反応は温度が高いほど速く進行する。酵素による反応も同様であるが，酵素はタンパク質でできているため，**一定温度以上になるとタンパク質の立体構造が変化して変性し，失活するため急激に反応速度は低下する**。酵素が最もよく働く温度(酵素活性が最大になる温度)を**最適温度**という。

■ **最適pH** 酵素はおもにタンパク質でできているため，**強い酸やアルカリで立体構造が変化して変性**してしまう。このため，溶液のpHによって酵素の活性は変化する。酵素活性が最大になるpHを**最適pH**という。

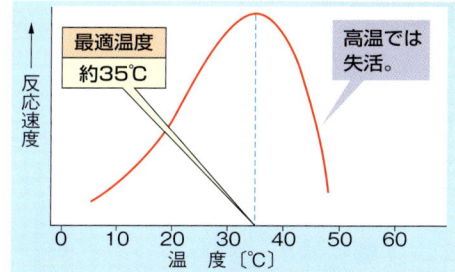
図26. 最適温度

> **4. 失 活**
> 触媒の働きの大きさを**活性**といい，活性を失うことを**失活**という。

> **ポイント 〔酵素の 3 つの特性〕**
> **基質特異性**…1 種類の酵素は，特定の基質としか反応しない。
> **最適温度**…特定の温度でよく働く。
> **最適pH**…特定のpHでよく働く。

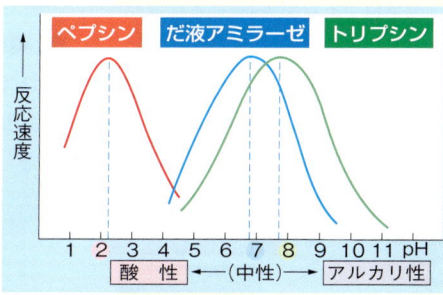
図27. 最適pH

■ **基質濃度と反応速度** 一定量の酵素に対して反応させる基質濃度を上げていくと，酵素は基質と結合しやすくなるため，ある濃度までは，基質濃度に比例して反応速度が上昇する。しかし，基質濃度がある程度に達すると，すべての酵素が酵素－基質複合体をつくっている状態になる。酵素－基質複合体から生成物ができるまでに要する時間は一定であるため，**それ以上に基質濃度を上げても反応速度は一定のままになる**。

> **ポイント** 酵素反応の速度は**基質濃度と比例**して上昇するが，一定以上の速度にはならない(上限がある)。

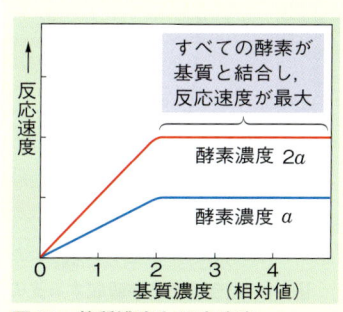
図28. 基質濃度と反応速度

1章 生物の多様性と共通性　**17**

7 光合成

■ 植物の緑葉に日光が当たると，二酸化炭素（CO_2）と水からグルコース（ブドウ糖）などの有機物がつくられる。

1 光合成はどのような反応？

■ **光合成** 光エネルギーを利用したCO_2の同化（炭酸同化）を**光合成**といい，次のような式で示される。

二酸化炭素＋水＋光エネルギー ⟶ 炭水化物＋酸素
（CO_2）　（H_2O）　　　　　　　（$C_6H_{12}O_6$）（O_2）

■ **光合成の場** 光合成は細胞内の**葉緑体**で行われる。葉緑体は，緑葉の**柵状組織**や**海綿状組織**の細胞に多く含まれる。また，葉緑体は気孔をつくる孔辺細胞にもある。

> **ポイント**
> 光合成はCO_2の同化であり，**葉緑体**で行われる。
> 葉緑体は，緑葉の**柵状組織**や**海綿状組織**に多い。
> $CO_2 + H_2O +$ 光エネルギー ⟶ 炭水化物 $+ O_2$

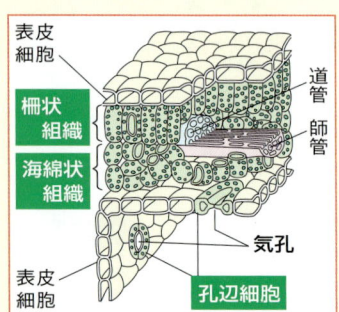

図29．葉のつくり

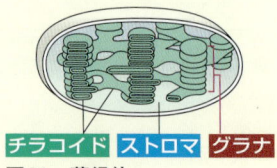

図30．葉緑体

★ **1. クロロフィル**
クロロフィルa（青緑色）とクロロフィルb（黄緑色）がある。クロロフィルaは，光合成をするすべての植物がもつ色素で，他の光合成色素が集めた光エネルギーがクロロフィルaに送られて利用される。

2 葉緑体はどのようなつくり？ 発展

■ **葉緑体** 葉緑体は大きさが約5μmで，二重の膜で包まれている。内部には**チラコイド**という扁平な袋状構造があり，その間を埋める基質の部分を**ストロマ**という。また，チラコイドが層になったものを**グラナ**という。

■ **光合成色素** 葉緑体のチラコイド膜には，**光合成色素**が含まれ，緑葉では，**クロロフィル**，**カロテノイド**（橙色），**キサントフィル**（黄色）などが含まれている。

■ **光合成に利用される光** 自然光の中で，おもに**青紫色光**と**赤色光**が光合成色素に吸収されて光合成に利用される。

> **ポイント**
> **葉緑体**…二重の膜で包まれ，内部に**チラコイド**と**ストロマ**がある。
> **光合成色素**…葉緑体のチラコイド膜に含まれ，**青紫色光**と**赤色光**を吸収する。

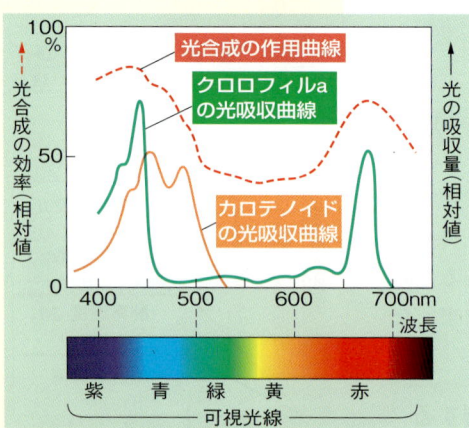

図31．光合成色素が吸収する光の波長
作用曲線は波長と光合成速度との関係を示す。

③ 光合成のくわしいしくみは？ 発展

■ **チラコイドで起こる反応**　葉緑体の**チラコイド**では次の3つの反応が起こっている。

①**光エネルギーの吸収**　クロロフィルaなどの光合成色素が光エネルギーを吸収する（**光化学反応**）。

②**水の分解**　①に伴い、水が分解され酸素と水素と電子がつくられる。酸素は気孔から排出される（酵素反応）。また、**NADPH**（還元物質）がつくられる（酵素反応）。

③**ATPの合成**　②に伴って、チラコイドの膜上の**電子伝達系**でADPとリン酸から、**ATPが合成される**（酵素反応）。

■ **ストロマで起こる反応**　ストロマでは、チラコイドでつくられたATPとNADPHを使って次の反応が行われる。

④**二酸化炭素の固定**　ストロマでは、何段階もの酵素反応を経て**二酸化炭素がNADPHによって還元され、グルコースなどの有機物が合成される**。この反応はエネルギー吸収反応であり、ATPのエネルギーが利用される。この過程を**カルビン・ベンソン回路**という（酵素反応）。

■ **光合成の化学反応式**　光合成全体の反応は次のような式で示される。

$$6CO_2 + 12H_2O + 光エネルギー \longrightarrow C_6H_{12}O_6 + 6O_2 + 6H_2O$$

> **ポイント**
> **チラコイド**…**光エネルギーの吸収**、水の分解、還元物質の生成、ATPの合成を行う。
> **ストロマ**…**カルビン・ベンソン回路**で、二酸化炭素を還元してグルコースなどを生成する。

2. NADPとNADPH
NADP（ニコチンアミド・アデニン・ジヌクレオチドリン酸）は、水素を運搬する酵素の補助成分（**補酵素**）である。NADP$^+$にH$^+$と電子が結びついてNADPHとなる。

3. 電子伝達系
電子が膜上のタンパク質の間を受け渡しされるときに多量のエネルギーを取り出す過程を、**電子伝達系**という。電子伝達系は、ミトコンドリアの内膜上にもある。

4. 光リン酸化反応
光合成のチラコイド膜にある電子伝達系でATPがつくられる反応を**光リン酸化反応**という。これに対してミトコンドリアのクリステにある電子伝達系でATPが合成されることを**酸化的リン酸化**という。

5. カルビン・ベンソン回路
二酸化炭素を還元して、グルコースなどの有機物を合成する回路状の経路。**カルビンとベンソンが発見したためこの名がある。**

6. グルコースの行方
光合成で合成されたグルコースは、**スクロース**となって師管を通って各部に運ばれる。残ったグルコースは一時的に**同化デンプン**に合成され、夜間などにスクロースになって根・茎などに運ばれる。これを**転流**という。転流されたスクロースは、呼吸や成長のために使われるほか、貯蔵器官で**貯蔵デンプン**として蓄えられる。

図32. 葉緑体での光合成のしくみ

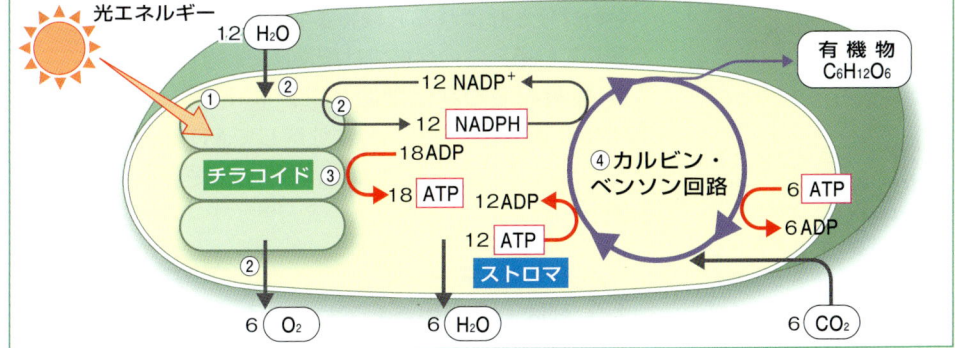

8 呼吸（細胞呼吸）

細胞は，酸素を利用して有機物を分解し，ATPの形でエネルギーを取り出す。この過程が呼吸（細胞呼吸）である。

1 燃焼と呼吸はどうちがう？

燃焼 有機物が燃焼するときには，有機物が酸素と直接化合し，急激に光や熱の形でエネルギーを放出しながら，二酸化炭素と水になる。

呼吸 呼吸も，呼吸の材料（呼吸基質）である有機物が酸素と結合して二酸化炭素と水になる過程である。しかし，呼吸の反応は段階的にゆっくり進むため，光や多量の熱を放出することはない。燃焼では光や熱になってしまうエネルギーを，呼吸では徐々に取り出し，そのエネルギーによってATPの合成を行っている。

有機物＋酸素 ⟶ 二酸化炭素＋水＋ATP
($C_6H_{12}O_6$)（O_2）　　　　（CO_2）　（H_2O）

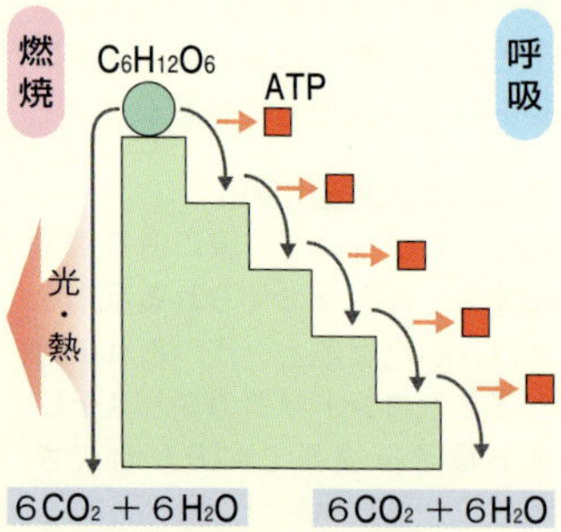

ポイント 呼吸…有機物を段階的に分解しながらATPの合成を行い，最終的に酸素と結合させて水にする。
有機物＋酸素 ⟶ 二酸化炭素＋水＋ATP

図33. 燃焼と呼吸

❶1. 多くの生物が呼吸基質としておもに利用している有機物は，グルコースである。

2 呼吸はどこでする？

ミトコンドリア 呼吸は，おもに細胞内にあるミトコンドリアで進行する。ミトコンドリア内で生成した多量のATPが生命活動のエネルギーとして使われる。

細胞質基質 細胞質基質でも，有機物をピルビン酸（⇒p.21）と呼ばれる有機物まで分解し，少量のATPを生産している。この反応では酸素は使わない。

酸素を使わない呼吸 発展　酵母菌は，酸素を使わずに有機物をピルビン酸に分解してATPをつくり，ピルビン酸をエタノールにしている。これをアルコール発酵という。

ポイント 呼吸は，おもにミトコンドリア内で進行し，一部は，細胞質基質で行われる。

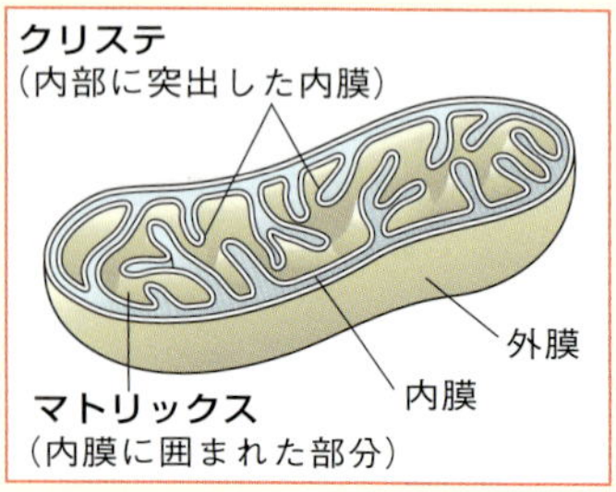

図34. ミトコンドリア

❷2. 発展　ミトコンドリアをもたない原核生物などでは，酸素を使わずに有機物を分解し，エネルギーを得ている。これを発酵といい，エタノールができる発酵をアルコール発酵という。このほか，乳酸ができる乳酸発酵がある。

③ 呼吸ではどのようにATPをつくる？ 〔発展〕

■ **呼吸の反応式**　グルコース（ブドウ糖 $C_6H_{12}O_6$）は，多くの生物の主要なエネルギー源である。グルコースが呼吸基質である場合，呼吸の反応式は次のようになる。

$$C_6H_{12}O_6 + 6O_2 + 6H_2O \longrightarrow 6CO_2 + 12H_2O + ATP$$

■ **呼吸の3段階**　呼吸の過程は，次の3段階からなる。

① 解糖系　<u>解糖系</u>は<u>細胞質基質で行われる</u>過程であり，グルコースから<u>ピルビン酸</u>（$C_3H_4O_3$）がつくられる。この過程で2ATPが生成する[3]。原始的な原核生物がもっていた呼吸の過程の1つと考えられている。

② クエン酸回路　<u>クエン酸回路</u>[4]は，<u>ミトコンドリアのマトリックスで行われる</u>過程である。細胞質基質で生じたピルビン酸は，ミトコンドリアに取り込まれて分解され，二酸化炭素を放出するとともに，高いエネルギーをもった電子が取り出される。この過程でも2ATPが生成する[5]。

③ 電子伝達系　<u>電子伝達系</u>は，<u>ミトコンドリアのクリステで行われる</u>過程である。クエン酸回路で生じた<u>高いエネルギーをもった電子を受け渡しする</u>ことによって，<u>多量のATPが生成</u>[6]する。電子は最終的に水素イオンと結合した後，<u>酸素</u>と結合して水となる。

> **ポイント**
> 呼吸の反応式（呼吸基質がグルコースの場合）
> $C_6H_{12}O_6 + 6O_2 + 6H_2O \longrightarrow 6CO_2 + 12H_2O + ATP$
> 呼吸の3段階
> ① <u>解糖系</u>（<u>細胞質基質</u>）
> ② <u>クエン酸回路</u>（ミトコンドリアの<u>マトリックス</u>）
> ③ <u>電子伝達系</u>（ミトコンドリアの<u>クリステ</u>）

◆ **3.** 解糖系では，グルコース1分子あたり2分子のATPが消費されて，4分子のATPができる。つまり，差し引きで2分子のATPが新たに生成されるといえる。

◆ **4.** はじめにクエン酸を生じる回路状の反応経路。ミトコンドリアのマトリックスに含まれる数種類の酵素の働きによって，反応が進む。

◆ **5.** クエン酸回路でも，解糖系と同じように，グルコース1分子あたり2分子のATPが生成する。

◆ **6.** 電子伝達系では，グルコース1分子あたり，約30〜34分子のATPが生成すると考えられている。

参考　共生説（細胞内共生説）
初期の原核生物は，原始の海の中にあった有機物を，酸素を使わずに分解してエネルギーを取り出していた。その生物の中に，酸素を利用してより能率よくATPをつくる原核生物が出現した。これが大形の原核生物に<u>共生して，ミトコンドリアになった</u>と考えられている。これを<u>共生説</u>（<u>細胞内共生説</u>）という。
また，葉緑体についても同様に，ミトコンドリアをもつ真核細胞の内部に<u>シアノバクテリアが共生し</u>てできた，と考えられている。

図35．呼吸のしくみ

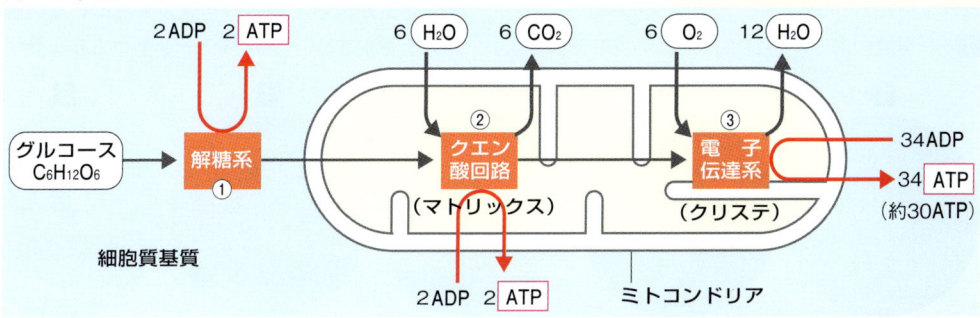

重要実験 顕微鏡の使い方

顕微鏡の使い方は基本事項だから，必ず覚えておこう！

方法

〔顕微鏡の使い方〕

1. 顕微鏡は，一方の手で鏡台を，他方の手でアームを持って運び，**直射日光の当たらない明るい場所に置く**。
2. **接眼レンズ→対物レンズ**の順に取り付ける。
3. 接眼レンズをのぞきながら反射鏡を調節して，**視野全体が明るくなるようにする**。高倍率で観察するときは，平面鏡→凹面鏡にする。
4. プレパラートをステージの上に置き，クリップで固定する。
5. **横から見ながら調節ねじを回して，対物レンズの先端とプレパラートを近づける**。
6. 接眼レンズをのぞきながら，**対物レンズの先端とプレパラートを遠ざける**方向に調節ねじを回してピントを合わせる。
7. しぼりを調節して，視野を見やすい明るさにして観察する。
8. さらに拡大して観察する場合，観察したい部分が視野の中央にくるようにプレパラートを動かす。
9. レボルバーを回して，高倍率の対物レンズをセットし，調節ねじでピントを合わせ，しぼりで明るさを調節する。

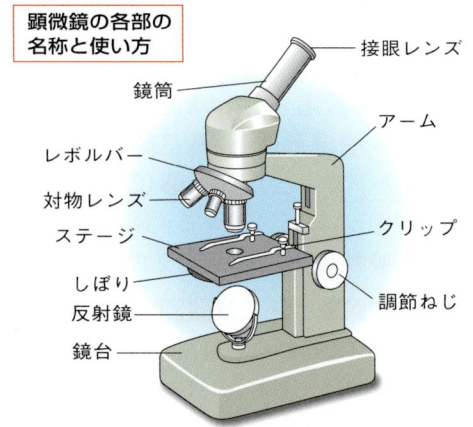

顕微鏡の各部の名称と使い方

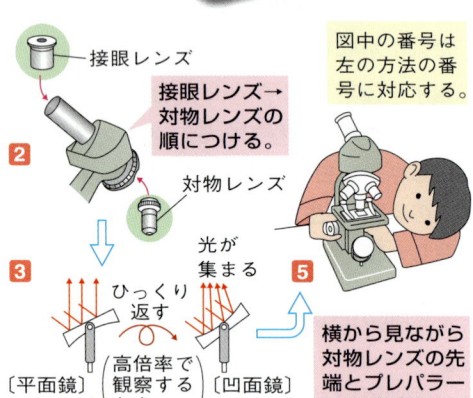

図中の番号は左の方法の番号に対応する。

〔顕微鏡の見え方と対処法〕

タマネギの鱗片葉（食用部分）表皮の観察をすると，下の1〜5のように見えた。この場合，顕微鏡のどの部分の調節が悪くて，どう対処すればよいだろうか。

1. 反射鏡の向きが不良➡**反射鏡の向きを調節**。
2. 光量不足➡**しぼりを開いて**光量を多くする。
3. 光量過多➡**しぼりを絞って**光量を少なくする。
4. ちょうどよい。この状態で観察する。
5. 空気が入っている➡空気が入っていない部分をさがすか，プレパラートをつくりなおす。

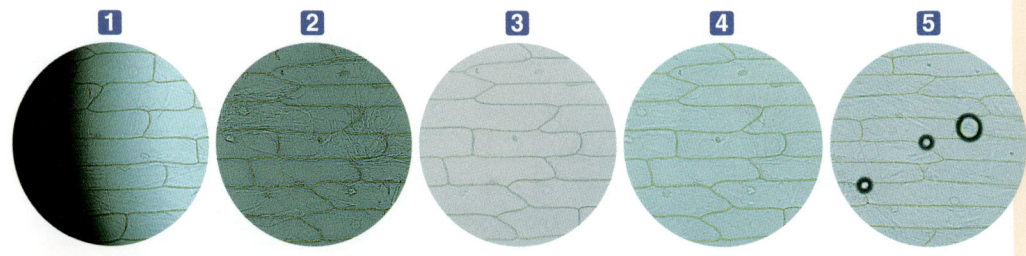

重要実験 ミクロメーターの使い方

計算までできるようになろう！

方法

1. 接眼レンズの上側のレンズをはずして，接眼ミクロメーターを接眼レンズの中に入れ，再び上側のレンズのふたをする。
2. 対物ミクロメーターをステージの上にのせて検鏡し，対物ミクロメーターの目盛りにピントを合わせる。
3. 接眼ミクロメーターの目盛りと対物ミクロメーターの目盛りが**2か所で合うように**，両方のミクロメーターを調節する。
4. 目盛りが一致した2か所の間の接眼ミクロメーターの目盛り数 a と，対物ミクロメーターの目盛り数 b を読みとる。
5. 対物ミクロメーターの1目盛りは，ふつう，10μm(0.01 mm)なので，次式から接眼ミクロメーターの1目盛りの長さ l を求める。

$$l\,(\mu m) = \frac{b\,(目盛り) \times 10\,(\mu m)}{a\,(目盛り)}$$

6. 接眼ミクロメーター1目盛りの長さは観察倍率で変わるから，各倍率(60倍，150倍，600倍など)ごとの1目盛りの長さを求めておく。

7. 接眼ミクロメーターを接眼レンズに入れたまま，タマネギの鱗片葉表皮の細胞を観察し，細胞の長径と短径を求める。

①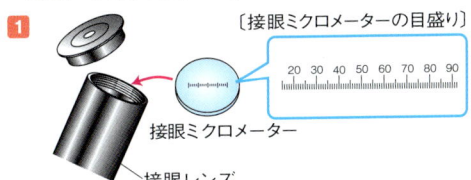

②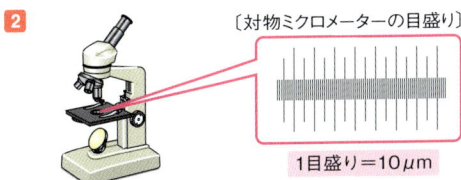

③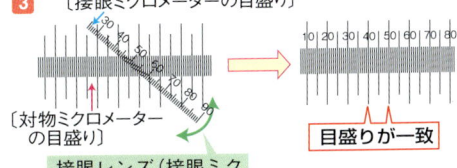

結果

1. 各倍率(60倍，150倍，600倍)での接眼ミクロメーター1目盛りの長さは次のとおり。

(60倍)
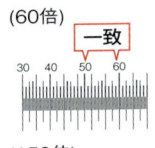
$$l = \frac{25\,(目盛り) \times 10\,(\mu m)}{10\,(目盛り)} = 25\,(\mu m)$$

(150倍)
$$l = \frac{10\,(目盛り) \times 10\,(\mu m)}{10\,(目盛り)} = 10\,(\mu m)$$

(600倍)
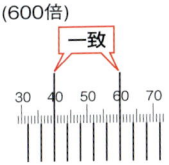
$$l = \frac{5\,(目盛り) \times 10\,(\mu m)}{20\,(目盛り)} = 2.5\,(\mu m)$$

2. タマネギの鱗片葉表皮の細胞を150倍で観察すると，下の図のように見えた。➡150倍では，接眼ミクロメーター1目盛りの長さは 10μm なので，

$$\begin{cases} 長径 \cdots 55\,(目盛り) \times 10\,(\mu m) = 550\,(\mu m) \\ 短径 \cdots 13\,(目盛り) \times 10\,(\mu m) = 130\,(\mu m) \end{cases}$$

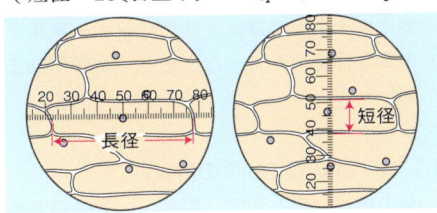

1章 生物の多様性と共通性

重要実験 葉緑体の観察

生物ごとの葉緑体の大きさを比べるのも面白いよ！

方法

〔1. 緑色の単細胞生物の観察〕
1. ミドリゾウリムシを観察して，そのからだの中に**葉緑体が含まれているか**を調べる。また，葉緑体を観察できたら，それが**細胞質の中を流動しているか**を調べる。
2. ミドリゾウリムシよりも小形の単細胞生物であるミドリムシを観察して，ミドリムシのからだの中にも葉緑体が含まれているかを調べる。

〔2. オオカナダモの葉の葉緑体の観察〕
1. オオカナダモの葉を1枚とり，水で封じてプレパラートをつくる。
2. オオカナダモの葉の細胞に葉緑体が含まれているかを調べる。また，葉緑体を観察できたら，それが細胞質内を流動しているかを調べる。

〔3. ツバキの葉の断面の観察〕
1. ツバキの葉の葉脈の支脈を含む短冊形の葉片をつくり，ピス（発泡ポリスチレン）に入れた切れ込みに葉片をはさんで固定する。
2. 安全カミソリの刃で**ピスごと葉片を0.2mmぐらいの薄片にし**，これを水で封じてプレパラートをつくる。
3. 葉のどの組織に葉緑体が多く含まれているかを調べる。また，表皮細胞や孔辺細胞にも葉緑体が含まれているかを調べる。

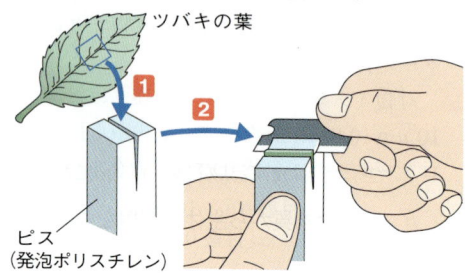

結果

〔1. 緑色の単細胞生物の観察〕
・ミドリゾウリムシのからだの中には，緑色でラグビーボール状をした葉緑体が含まれていた。また，葉緑体は細胞内を盛んに流動していた。
・ミドリムシのからだの中には，数は少ないが葉緑体が含まれていた。

〔2. オオカナダモの葉の葉緑体の観察〕
・オオカナダモの葉は，ラグビーボール状をした大形の葉緑体を含んでいた。また，葉緑体はよく流動していた。

〔3. ツバキの葉の断面の観察〕
・葉の**柵状組織**と**海綿状組織**が，葉緑体を多く含んでいた。
・葉の表皮細胞は葉緑体を含んでいなかったが，**孔辺細胞**は葉緑体を含んでいた。

テスト直前チェック　定期テストにかならず役立つ！

1. すべての生物の細胞がもつ構造上の特徴は何か？
2. すべての生物が遺伝物質として利用している物質は何か？
3. 動物細胞や植物細胞の核を包む膜を何という？
4. 動物細胞にも植物細胞にも共通にあり、細胞を包む10 nmの薄い膜を何という？
5. 動物細胞にも植物細胞にも共通にあり、呼吸の場となっている細胞小器官を何という？
6. 光合成の場となっている、植物細胞特有の細胞小器官を何という？
7. 植物細胞で発達し、中に細胞液をためている袋を何という？
8. おもにセルロースからなる丈夫な膜で、植物細胞特有の構造物を何という？
9. 核などの細胞小器官をもつ細胞を何という？
10. 核をもたない細胞でからだができている生物を何という？
11. 一定数の細胞が集まって集合体になり、1つの個体のように生活するものを何という？
12. 生体を構成する物質で、水に次いで多い物質は何か？
13. 生体を構成する物質のうち、エネルギー源や細胞壁の成分である化学物質は何か？
14. 簡単な物質から生体に有用な物質（有機物）を合成する代謝を何という？
15. 複雑な有機物を分解して簡単な物質にする代謝を何という？
16. デンプンなどを合成する能力のある生物は、独立栄養生物と従属栄養生物のどちらか？
17. 生体内で「エネルギーの通貨」となる物質は何か？
18. ATP分子内のリン酸どうしの結合を何という？
19. おもにタンパク質からなり、触媒として作用するものを何という？
20. 植物の緑葉での光合成の材料となるものは何と何か？
21. 植物の緑葉での光合成の結果放出される気体は何か？
22. 真核細胞で呼吸が行われる部分は、細胞内のどことどこか？
23. 細胞が呼吸をする最も重要な目的は何か？

解答

1. 細胞膜で包まれている。
2. DNA（デオキシリボ核酸）
3. 核膜
4. 細胞膜
5. ミトコンドリア
6. 葉緑体
7. 液胞
8. 細胞壁
9. 真核細胞
10. 原核生物
11. 細胞群体
12. タンパク質
13. 炭水化物
14. 同化
15. 異化
16. 独立栄養生物
17. ATP（アデノシン三リン酸）
18. 高エネルギーリン酸結合
19. 酵素
20. CO_2とH_2O（二酸化炭素と水）
21. O_2（酸素）
22. ミトコンドリアと細胞質基質
23. ATPをつくること。

定期テスト予想問題　解答→p.131〜132

1 細胞の大きさ

下の図は，長さの単位を示したものである。各問いに答えよ。

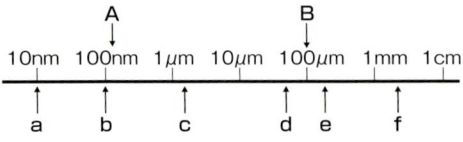

(1) $1\mu m$ は1mmの何分の1の長さの単位か。
(2) 1nmは$1\mu m$の何分の1の長さの単位か。
(3) 図中のA，Bは次のどの分解能（2点間を識別できる最小の長さ）を示しているか。
　ア　光学顕微鏡　　イ　電子顕微鏡
　ウ　ヒトの目
(4) 次の①〜⑥の細胞や構造の大きさは，上図のa〜fのどれに該当するか。
　①　大腸菌　　　　②　エイズウイルス
　③　細胞膜の厚さ　④　ヒトの精子
　⑤　ゾウリムシ　　⑥　カエルの卵

2 細胞の構造と働き

ある細胞の模式図に関する各問いに答えよ。

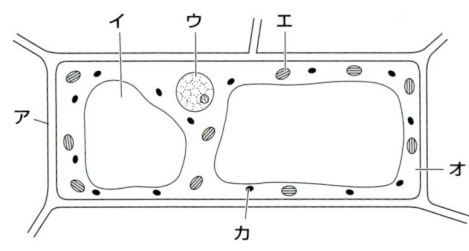

(1) 図は，光学顕微鏡，電子顕微鏡のいずれで観察した図か。
(2) 図は，植物，動物いずれの細胞の図か，その理由も説明せよ。また，次の①〜④より，これに該当する細胞を選べ。
　①　ヒトの口腔上皮細胞（ほおの内側の細胞）
　②　ヒトの皮膚の細胞
　③　オオカナダモの葉の細胞
　④　タマネギの鱗片葉の表皮細胞

(3) 図中のア〜カの各部の名称を答えよ。また，その特徴として適当なものを次からそれぞれ1つずつ選べ。
　a　エネルギーをつくり出す呼吸の場となる。
　b　細胞の形を維持する。
　c　多くの酵素を含む代謝の場となる。
　d　袋状で細胞液をためる。
　e　光合成の場となる。
　f　遺伝子の本体であるDNAを含む。

3 細胞の微細構造　発展

下の図は，ある細胞を電子顕微鏡で観察した模式図である。各問いに答えよ。

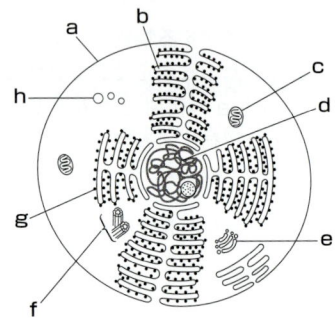

(1) a〜hの各部の名称を答え，その働きを簡単に説明せよ。
(2) 図の細胞は，動物細胞か植物細胞か。また，そう判断した理由も答えよ。

4 細胞の種類

下の表は，細胞小器官や膜構造の有無をまとめたものである。該当する生物名を次から選べ。
〔アメーバ　アオカビ　大腸菌　タマネギ〕

	細胞壁	細胞膜	核膜	ミトコンドリア	葉緑体
a	+	+	+	+	+
b	+	+	+	+	−
c	−	+	+	+	−
d	+	+	−	−	−

26　1編　細胞と遺伝子

5 代謝

下の図は，代謝の経路を模式的に示したものである。各問いに答えよ。

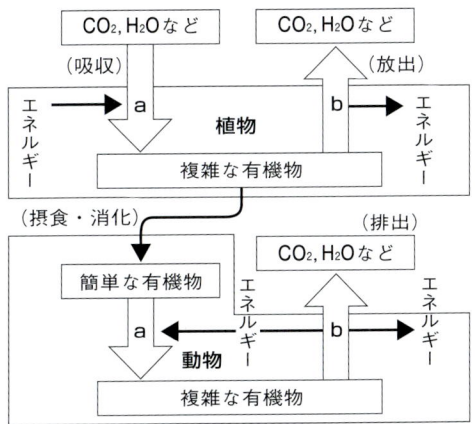

(1) 図中のa，bの代謝をそれぞれ何というか。
(2) 植物が行うaの代謝でエネルギー源になっているのは，何エネルギーか。
(3) 植物のaの代謝の結果つくられる複雑な物質とは何か。一般的な名称で4つあげよ。
(4) 動物が摂食し消化した後，小腸から吸収する簡単な有機物を，4つあげよ。
(5) 植物や動物の行うbの代謝の過程で取り出されたエネルギーは，何という物質の形で蓄えられるか。

6 酵素とその働き 発展

酵素について説明した次の文のうち，正しいものには○，誤っているものには×をつけよ。
(1) 酵素は細胞内で合成され，細胞内でのみ働く。
(2) 酵素は触媒の一種なので，二酸化マンガン同様，その働きは温度で左右されない。
(3) 酵素は，その種類によって最適pHが決まっており，ペプシンの最適pHは7である。
(4) 酵素は，1種類でいくつかの異なる種類の化学反応を触媒することはできない。

7 ATP

下の図は生物の行う代謝の中でエネルギーの仲立ちをしているATPの構造を模式的に示したものである。次の各問いに答えよ。

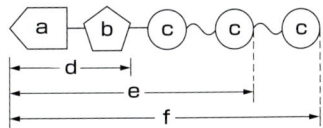

(1) ATPを構成する単位a，b，cの名称をそれぞれ答えよ。
(2) d，e，fの部分の名称を何と呼ぶか。
(3) 図中の〜で示された結合を何と呼ぶか。
(4) ATPはすべての生物においてエネルギーの仲立ちをすることから，人が使うものに例えて何と呼ばれるか。

8 光合成

右の図は，緑葉の断面を模式的に示したものである。各問いに答えよ。

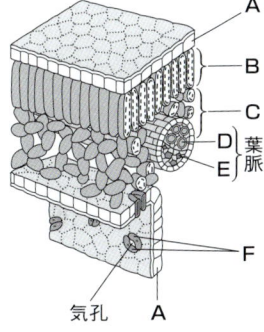

(1) 図中のA〜Fの各部の名称をそれぞれ答えよ。
(2) 光合成をする部分をA〜Fからすべて選べ。
(3) (2)の部分をつくる細胞に含まれる緑色の細胞小器官は何か。
(4) 次の式は光合成の過程を示す反応式である。式中のa，bに適する物質名をそれぞれ答えよ。

（a）＋水＋光 ⟶ 有機物＋水＋（b）

(5) 光合成でおもにつくられる有機物を，次のア〜エから1つ選べ。
ア デオキシリボ核酸　　イ リン脂質
ウ タンパク質　　　　　エ グルコース

9 呼吸

真核生物では、おもに右の図のような細胞小器官で、次の呼吸の反応が行われている。各問いに答えよ。

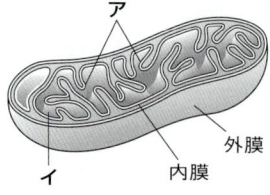

有機物＋（a）──→水＋（b）＋エネルギー

(1) 上式のa、bに適する物質名をそれぞれ答えよ。
(2) 上式の有機物のように、呼吸の材料となる物質を何というか。
(3) 多くの生物が、呼吸の材料としておもに利用している有機物は何か。
(4) 図の細胞小器官の名称を答えよ。
(5) 発展 図中のア、イの部分をそれぞれ何というか。
(6) 燃焼と呼吸のちがいを、簡単に説明せよ。

10 顕微鏡の操作方法

顕微鏡の使用法に関する次の各問いに答えよ。

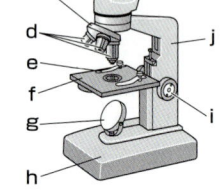

(1) 図中のa～jの各部の名称をそれぞれ答えよ。
(2) 次の①～⑤の文の（ ）から正しいものを選べ。また、①～⑤を正しい操作の順に並べかえよ。
① レンズを取り付けるときは、先に（ア 接眼レンズ、イ 対物レンズ）を取り付ける。
② 横から見ながら調節ねじを回したあと、対物レンズの先端とプレパラートの間を（ウ 近づけながら、エ 遠ざけながら）ピントを合わせる。
③ レボルバーを回して、まず、（オ 低倍率、カ 高倍率）の対物レンズをセットする。
④ 反射鏡を調節して視野全体が明るくなるようにする。低倍率のときは（キ 凹面鏡、ク 平面鏡）を使う。
⑤ プレパラートをステージの上に置き、クリップで（ケ 固定する、コ 固定しない）。
(3) 接眼ミクロメーターを入れるのは図のa～jのどの部分か。また、対物ミクロメーターを置くのはどの部分か。それぞれ記号で答えよ。

11 ミクロメーターの使い方

次の図1は、接眼ミクロメーターと対物ミクロメーターを顕微鏡にセットし、600倍の倍率で対物ミクロメーターの目盛りを観察したものである。これについて、あとの各問いに答えよ。ただし、対物ミクロメーターの1目盛りは1mmを100等分したものである。

(図1)
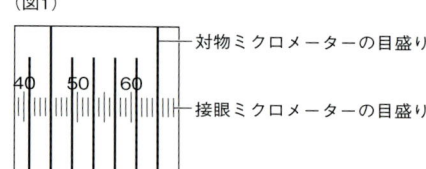

(1) この倍率では、接眼ミクロメーターの1目盛りは何μmか。
(2) 倍率を150倍にしたとき、接眼ミクロメーターの1目盛りは、理論上何μmになるか。
(3) 図2は、タマネギの表皮細胞の核の直径を600倍で測定したものである。この細胞の核の直径は何μmか。
(4) ある細胞小器官が、図2の細胞中を矢印の方向に、5秒間に1目盛り動いていた。その細胞小器官は秒速何μmで動いていたか。

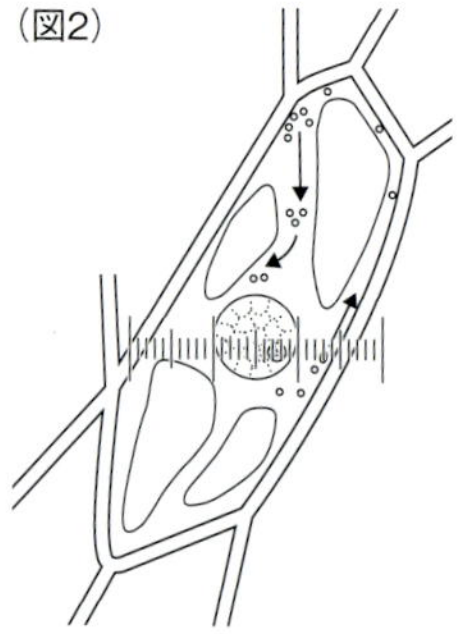

(図2)
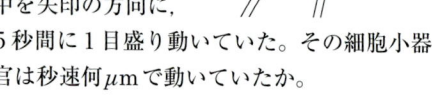

脊椎動物の前肢

脊椎動物は太古に陸上に進出した魚類の一部から両生類・ハ虫類・鳥類・哺乳類に分かれ生活環境に適応して数多くの種類に進化した。前肢だけでもさまざまな形に進化している。下の写真は何の前肢かわかるかな？

答は p.140

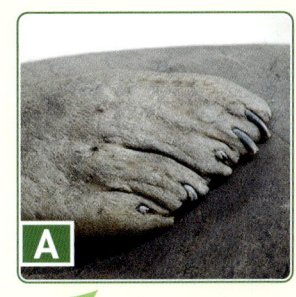
A

B

C

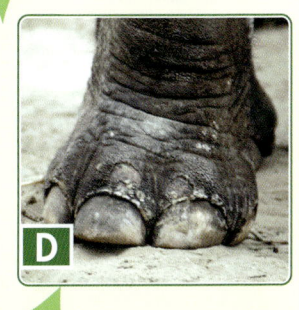
D

E

F

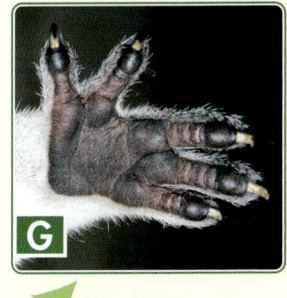
G

H

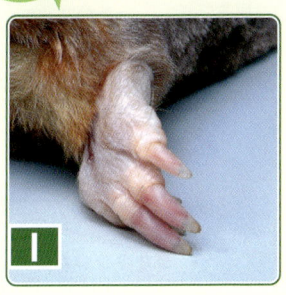
I

1章　生物の多様性と共通性

2章 遺伝子とその働き

1 DNAの構造

遺伝子の本体はDNAという化学物質である。DNAの構造や，遺伝情報とはどのようなものなのか。

1 核酸ってどんなもの？

★1. 核酸の発見
19世紀，スイス人のミーシャーは，病院の使用済みのガーゼから死んだ白血球を集め，その核の中にリン酸と窒素を含んだ酸性物質があることを見つけた。そのため，この酸性物質はヌクレイン（核酸）と名づけられた。

■ **核酸**　DNAは，白血球の核に含まれる酸性物質として発見され，**核酸**（nucleic acid）と名づけられた。★1 核酸には，**DNA（デオキシリボ核酸）**と**RNA（リボ核酸）**がある。

■ **ヌクレオチド**　核酸を構成する単位を**ヌクレオチド**という。ヌクレオチドは，図1のように**リン酸**と**糖**と**塩基**からなる。

■ **DNAのヌクレオチド**　DNAをつくるヌクレオチドは，リン酸と糖（**デオキシリボース**）★2にA（アデニン），T（チミン），G（グアニン），C（シトシン）のいずれか1つの塩基が結合したものである。そのため4種類ある。

■ **RNAのヌクレオチド**　RNAをつくるヌクレオチドは，リン酸と糖（**リボース**）★2にA（アデニン），U（ウラシル），G（グアニン），C（シトシン）のいずれか1つの塩基が結合してできている。そのためDNAと同様4種類ある。

★2. ヌクレオチドの糖　発展
デオキシリボースは$C_5H_{10}O_4$で示される炭素原子を5つ含む**単糖**で，**五炭糖**と呼ばれる。RNAやATPをつくる五炭糖であるリボース（$C_5H_{10}O_5$）よりも，酸素原子が1個少ない。

> **ポイント**
> DNA（デオキシリボ核酸）のヌクレオチド
> 　糖（**デオキシリボース**）＋塩基（A, **T**, G, C）＋リン酸
> RNA（リボ核酸）のヌクレオチド
> 　糖（**リボース**）＋塩基（A, **U**, G, C）＋リン酸

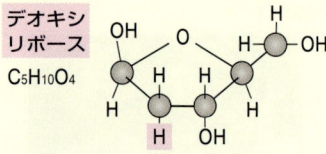

デオキシリボース $C_5H_{10}O_4$

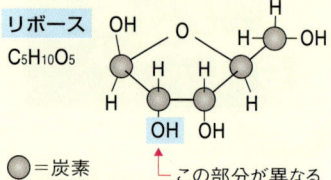

リボース $C_5H_{10}O_5$

○=炭素　↑この部分が異なる

図1. DNAとRNAのヌクレオチド

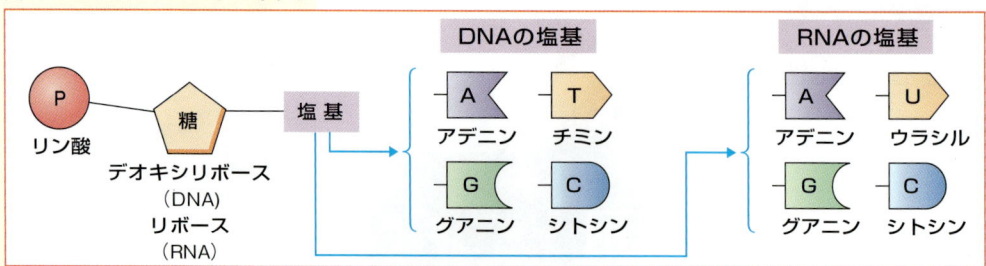

2 DNAはどんな構造をしている？

■ **細胞あたりのDNA** 細胞1個あたりのDNAの量は，同じ生物の体細胞では一定であり，生殖細胞ではその半分になる。このことは，DNAが**遺伝子の本体**であることを裏づける証拠の1つといえる。

■ **シャルガフの規則** 生物のDNAを化学的に分析すると，どの生物の細胞も**AとT，GとC**の数（割合）は同じである。これを**シャルガフの規則**という。

■ **二重らせん構造** DNAは，多数のヌクレオチドが結合してできた**2本の鎖**からなる高分子化合物である。2本のヌクレオチド鎖は，AとT，GとCが**相補的な塩基対**をつくり，**弱い結合**でつながった**二重らせん構造**をしている。この構造は1953年，**ワトソン**と**クリック**が解明した。

■ **DNAと遺伝情報** DNAの構成要素のうち，A・T・G・Cの**4種類の塩基の並び方**（**塩基配列**）が遺伝情報となっている。したがって，DNAの塩基配列は非常に重要である。

> **ポイント**
> 〔DNAの構造（**ワトソンとクリック**が発見）〕
> ① **二重らせん構造**
> ② **相補的な塩基対（A－T，G－C）による2本鎖**
> ③ **遺伝情報＝塩基配列**

3. シャルガフの研究
シャルガフは，さまざまな生物がもつDNAの塩基の割合を調べた。

	A	T	G	C
ヒト	30.3	30.3	19.5	19.9
ウシ	28.8	29.0	21.0	21.1
サケ	29.7	29.1	20.8	20.4
大腸菌	24.7	23.6	26.0	25.7

表1．DNAの塩基の割合〔％〕
ヒト，ウシは肝臓の細胞，サケは精子から抽出したものの分析結果

4. 高分子化合物
非常に多くの原子が結合してできた分子。

5. 相補的な塩基対
2本の鎖からなるDNAモデルでは，ヌクレオチド鎖の片方の塩基配列が決まれば，他方の鎖の塩基配列も自動的に決まる。この関係性を**相補性**といい，これがシャルガフの規則の要因である。

6. 塩基対の結合 [発展]
この結合は**水素結合**と呼ばれる。

7. ヒトの塩基配列
ヒトの体細胞のDNAは，約60億の塩基配列をもっている（⇒p.46）。

図2．DNAの構造

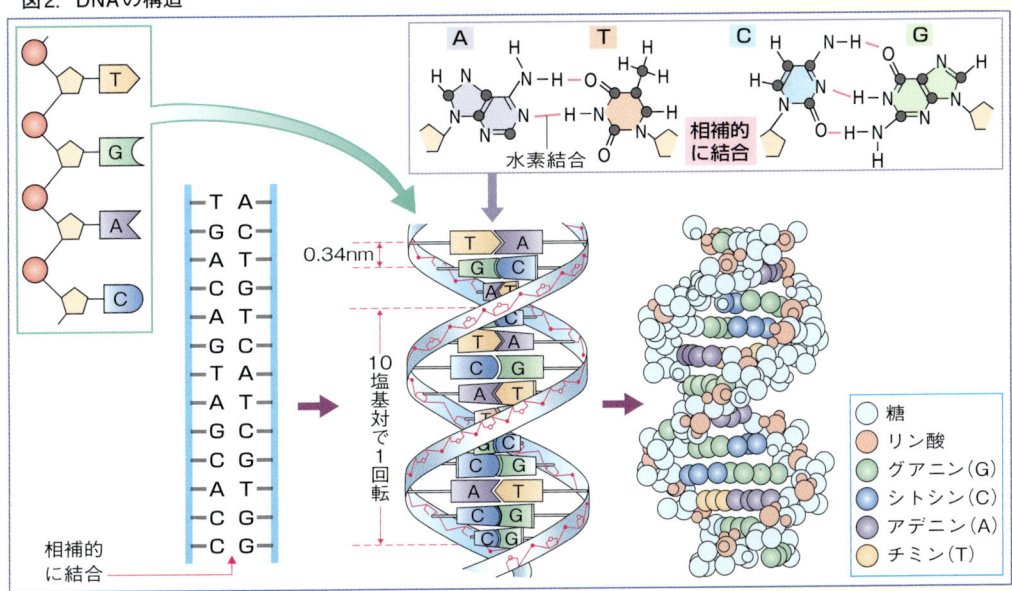

✿8. 染色体
細胞分裂時には，糸状のDNAが折りたたまれて凝縮され，光学顕微鏡でも観察できるほどの太さの棒状になる。

✿9. 発現（⇒p.42）
形質が現れること。

✿10. ただし，ユスリカなどのだ腺細胞にあるだ腺染色体はとても大きいため，いつでも光学顕微鏡で観察できる（⇒p.47, 49）。

③ DNA＝染色体？

■ **真核生物の染色体**　真核生物のDNAは，**染色体**として核内に存在している。1本の染色体に含まれるDNAは，非常に細く長い**糸状**の1つのDNA分子からできている。細胞分裂のとき以外（間期⇒p.34）には，染色体は**核全体に分散して遺伝情報を発現**していて，光学顕微鏡では見えない。

■ **染色体の化学的成分** 発展　真核生物の染色体は，DNAが**ヒストン**というタンパク質に巻きついてできている。つまり，染色体はDNAとタンパク質の複合体である。

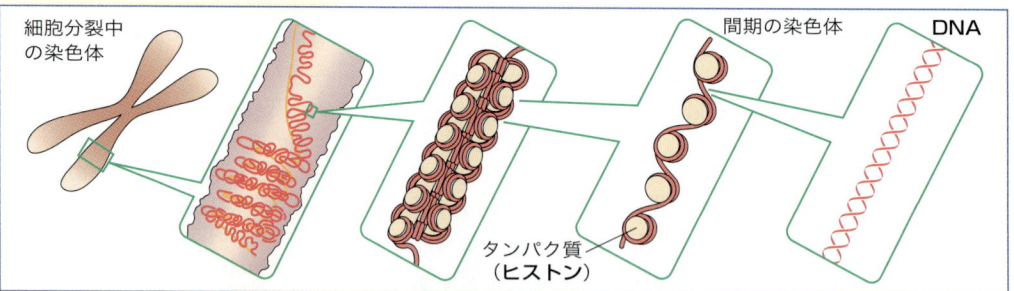

図3．染色体とDNAの関係

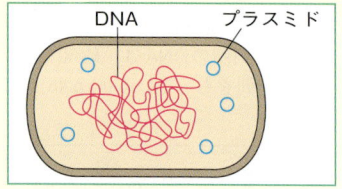

図4．大腸菌のもつDNA

✿11. プラスミド
プラスミドは，細胞から細胞へ移動することがあるため，遺伝子組換え（ある遺伝子を別の生物へ組み込むこと）のときの**ベクター（運び屋）** として利用される。

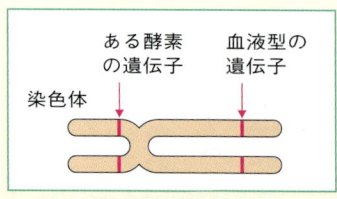

図5．遺伝子と染色体

■ **原核生物の染色体** 発展　大腸菌のような原核生物では，1個の環状になったDNAが細胞質基質内に存在するが，**ヒストンに巻きついた染色体の構造をつくらない**。しかし，原核生物でも広い意味で**染色体DNA**という。

　また，原核生物は，**プラスミド**と呼ばれる小さな環状のDNAを数個もっている。プラスミドは，染色体のDNAとは独立して細胞内に存在しているが，染色体DNAと同じように形質の発現に働くため，その生物の生存に有利な性質を与えることが多い。

■ **遺伝子（gene）と染色体**　染色体の特定の場所に位置する**遺伝子とは，DNAの特定の部分の塩基配列**である。糸状の染色体が凝縮して，光学顕微鏡で観察できる大きさの構造になったとき，**特定の場所に位置**することになる（図5）。

> **ポイント**〔真核生物の**染色体**〕
> ｛分裂期以外…細く長い**糸状**（核内に分散）
> 　分裂期…凝縮して太く短い**棒状**
> 染色体…DNAが**ヒストン**に巻きついてできている。
> 遺伝子…染色体上の特定の場所に位置する。

4 遺伝子の本体を解明した実験

■ **形質転換の発見** **グリフィス**は，肺炎双球菌のS型菌がもつ熱に強い何らかの物質によって**形質転換**が起こることを発見した。

○ 12. 肺炎双球菌
肺炎双球菌(細菌)にはS型菌(病原性あり)とR型菌(病原性なし)があり，S型菌をマウスに感染させると肺炎を発病するが，R型菌を感染させても発病しない。

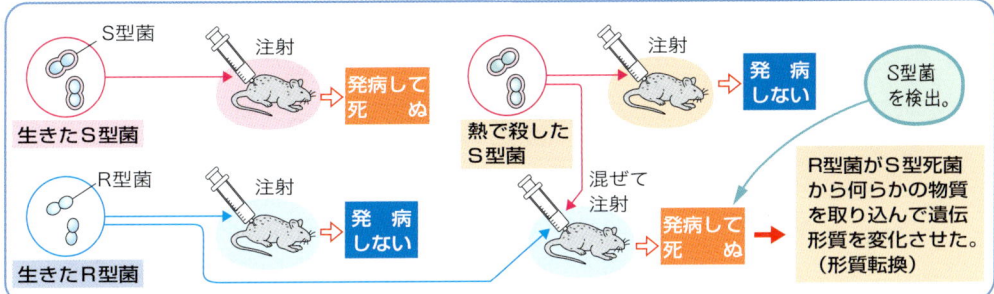

図6．肺炎双球菌を用いたグリフィスの実験(1928年)

■ **形質転換の原因物質** **エイブリー**らは，形質転換の原因となる物質は**DNA**であることを発見した。

○ 13. DNA分解酵素を加えた場合，S型菌のDNAが分解され，R型菌の形質転換が起きなくなる。

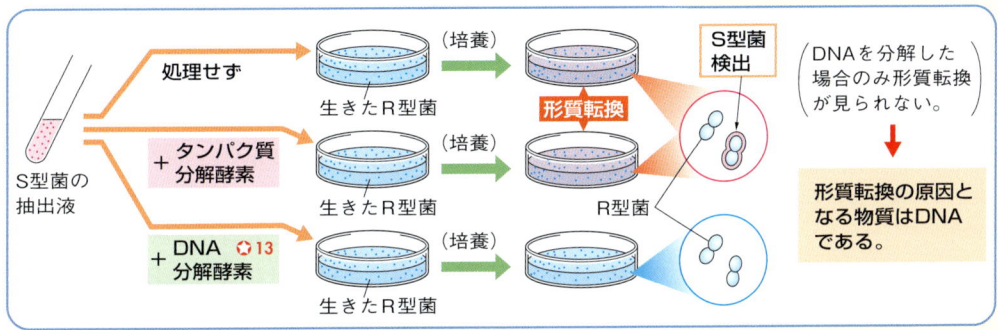

図7．肺炎双球菌を用いたエイブリーらの実験(1944年)

■ **遺伝子の本体の解明** **ハーシーとチェイス**は，T_2ファージというバクテリオファージ(⇒p.11)が，DNAだけを大腸菌の内部に注入して増殖することを発見し，**遺伝子の本体がタンパク質ではなくDNA**であることを解明した。

○ 14. 放射性同位体
同じ元素でも，原子核の中性子数がちがうため質量の異なる原子を同位体といい，放射線を放出する同位体を**放射性同位体**という。

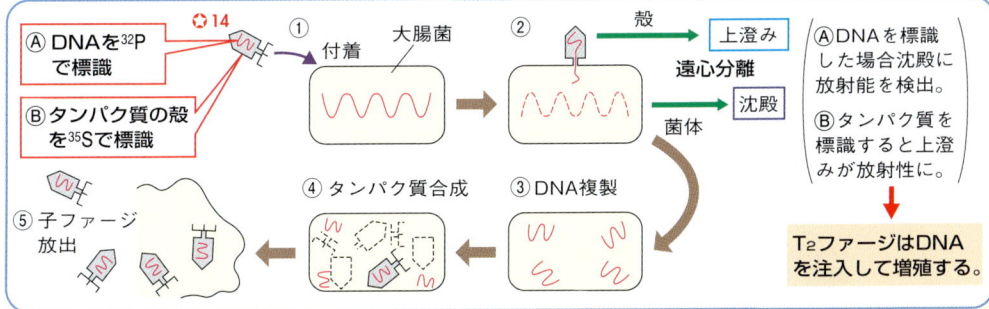

図8．T_2ファージを用いたハーシーとチェイスの実験(1952年)

2章 遺伝子とその働き

2 DNAの複製と細胞周期

遺伝子の本体であるDNAは親から子へ，また細胞分裂のとき，もとの細胞(母細胞)から新しい細胞(娘細胞)へ伝えられる。同じ遺伝子をもつDNAはどうやって複製されるのか。

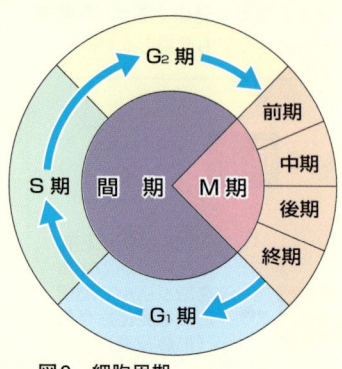

図9. 細胞周期

1 細胞の一生とは？

■ **細胞分裂** 細胞は，**細胞分裂**によってできる。細胞分裂には，からだをつくる細胞をふやす**体細胞分裂**と，精子や卵などの生殖細胞をつくる**減数分裂**とがある。

■ **細胞周期** 体細胞分裂をくり返す細胞で，分裂が終わってから次の分裂が終わるまでを**細胞周期**という。細胞周期は，分裂の準備を行う**間期**と分裂をする**分裂期(M期⇒p.38)** に大別される。

2 DNAは間期に複製される

■ **間期** 間期は，DNA合成準備期(G_1期)，**DNA合成期(S期)**，分裂準備期(G_2期)の3つに分けられる。S期にはDNAの複製が行われて，DNA量は2倍にふえる。これは体細胞分裂でも減数分裂でも同じである。

■ **体細胞分裂** S期に2倍の量になったDNAは，分裂によってもとの母細胞の量(G_1期の量)にもどる。

✿1. **M 期**
Mはmitosis(細胞分裂)の意味の英語の頭文字である。

✿2. **S期とG_1，G_2期**
Sはsynthesis(合成)，Gはgap(すき間・間隔)の意味の英語の頭文字である。また，増殖能力をもつ細胞が増殖を止めている時期は，G_0期とも呼ばれている。

図10. 体細胞分裂とDNA量の変化

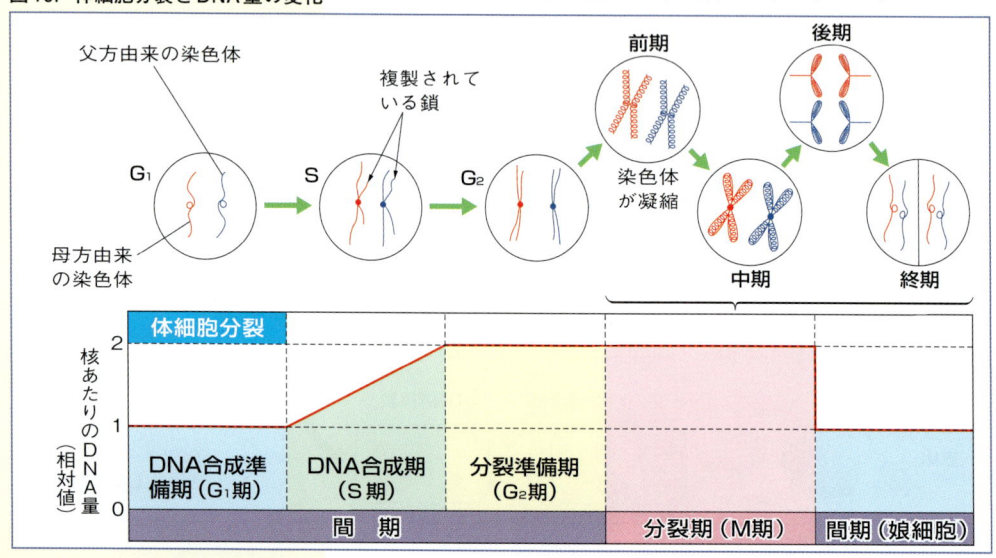

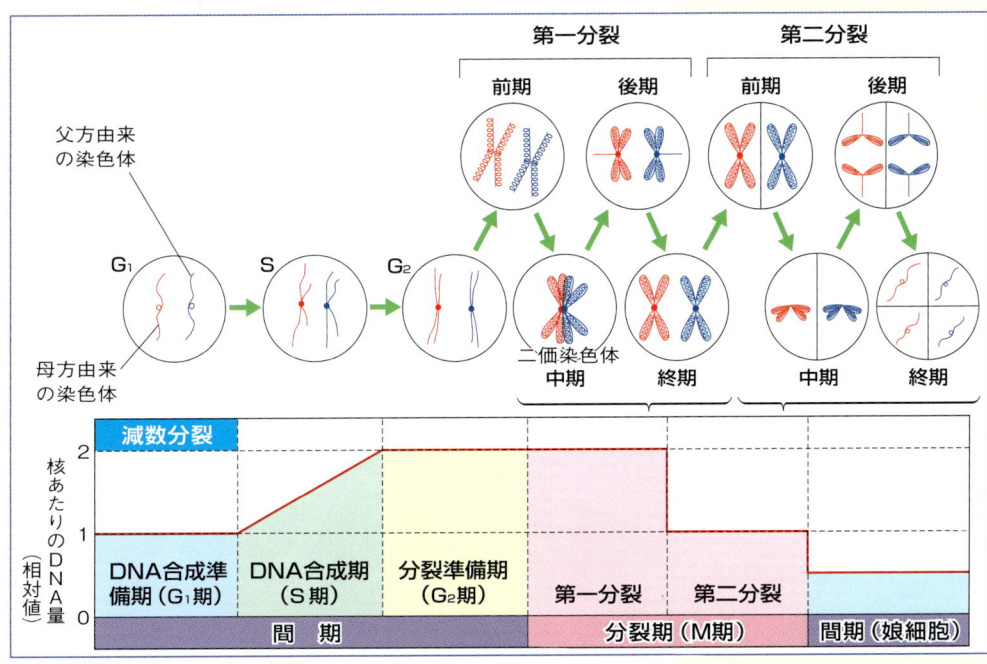

図11. 減数分裂とDNA量の変化

■ **減数分裂** 発展 生殖細胞をつくる減数分裂では，第一分裂，第二分裂と呼ばれる2回の分裂が続いて起こる。DNA量は，間期の**S期に2倍**になり，第一分裂で母細胞の量（G_1期の量）にもどる。**第二分裂の前にはDNAは複製されないため**，続いて起こる第二分裂が終わったとき，娘細胞のDNA量は**母細胞の半分**となる。

■ **減数分裂と染色体数** 発展 減数分裂では，**娘細胞（生殖細胞）のDNA量も染色体数も母細胞の半分**となる。これは，体細胞がもつ一対の相同染色体（大きさと形が同じ染色体）が，減数分裂によって娘細胞に分けられて，どちらか片側だけをもつようになるからである。減数分裂によってできた**生殖細胞が受精をすると，DNA量と染色体数はもと（G_1期の数量）にもどる**。

図12. 減数分裂時の染色体
①それぞれ複製されて2つずつの染色分体となった相同染色体が，第一分裂の中期に対合して二価染色体となる。②染色分体が対合したとき，二価染色体の一部で染色体がもつれて一部が入れかわる染色体の乗換えが起こることがある。これにより，配偶子の多様性が増す。なお，交叉部分のことをキアズマと呼ぶ。

> **ポイント**
> **細胞周期**：分裂の終了から次の分裂の終了まで。間期と分裂期に大別される。
> 間期 ── **DNA合成準備期（G_1期）**：細胞が成長している時期。細胞周期の中で最も長い。
>   ── **DNA合成期（S期）**：DNAを複製する。
>   ── **分裂準備期（G_2期）**：細胞分裂に備える。

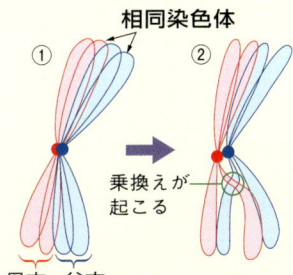

2章 遺伝子とその働き

✪ **3. 真核生物と原核生物でのDNA複製の相違点** 発展
真核細胞では，DNA分子が長く，多数の複製の起点があるので，それぞれで複製が行われた後，結合して1本のDNAとなる。
原核細胞ではDNAの長さは比較的短く，環状のDNAの1か所の複製点から両側に進行する。

✪ **4. DNAポリメラーゼ** 発展
ヌクレオチドどうしを結合させる酵素を，DNAポリメラーゼ（DNA合成酵素）という。

❸ DNAの複製のしくみ

■ **複製の進み方**　次の順で進む。

① 二重らせん構造をしたDNA（2本鎖DNA）の一部がほどけて，2本のヌクレオチド鎖が離れる。

② 各ヌクレオチド鎖の塩基に対して相補的な塩基（AとT，GとC）をもつヌクレオチドが結合する。

③ 隣り合うヌクレオチドどうしが酵素の働きで結合していき，新しいヌクレオチド鎖（DNA分子）ができる。こうして，もとの2本鎖DNAと同じ塩基配列の2本鎖DNAが2組できる。

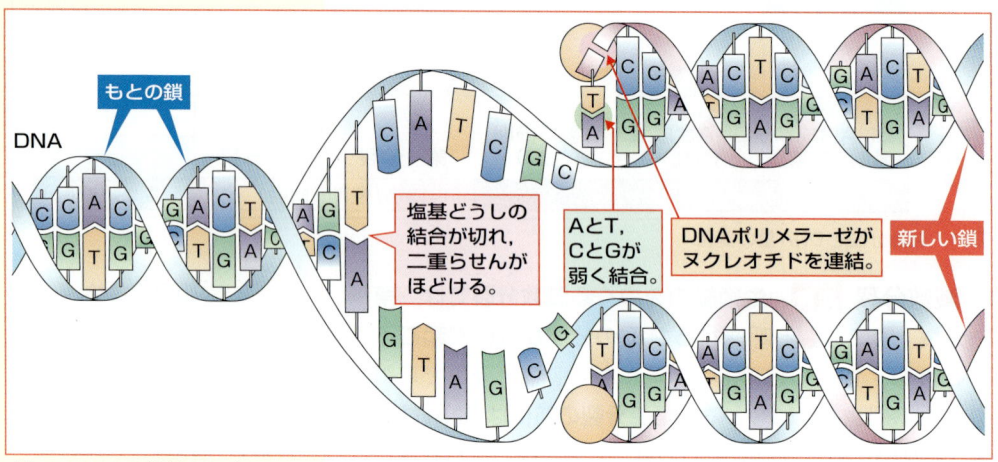

図13. DNAの複製のしくみ

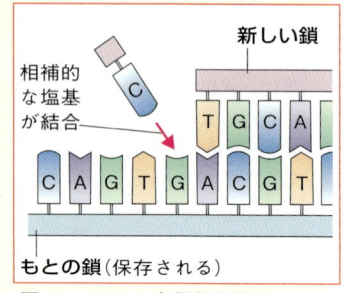

図14. DNAの半保存的複製

■ **半保存的複製** 発展　DNAの複製は，**2本のヌクレオチド鎖がそれぞれ鋳型となって**，新しいDNA鎖が複製される。

したがって，新しいDNA分子は二重らせん構造のうち1本の鎖をもとのDNA分子からそのまま受け継いでいる。このような複製のしくみを**半保存的複製**という。これは，**メセルソンとスタール**によって証明された（⇒p.37）。

> **ポイント**
> 〔DNAの複製のしくみ〕
> DNAの二重らせんがほどける。
> ⇒2本のヌクレオチド鎖が離れる。
> ⇒各塩基に**相補的な塩基が結合**する。
> ⇒ヌクレオチドどうしが結合し，新しいヌクレオチド鎖（＝もとのDNAと**同じ塩基配列のDNA分子2つ**）ができる。

1編　細胞と遺伝子

4 メセルソンとスタールの実験 [発展]

■ **重いDNAの作成** 窒素源として普通の窒素(^{14}N)より重い^{15}Nから成る^{15}NH$_4$Clの培地で大腸菌を何世代も培養すると、大腸菌のDNAに含まれる塩基の窒素はすべて^{15}Nに置き換わり、**重いDNA(^{15}N-^{15}NDNA)** ができる。

■ **^{14}N培地で分裂** この重いDNAをもつ大腸菌を、窒素源として^{14}NH$_4$Clをもつ普通の培地に移して、分裂をそろえる薬剤を加えて培養し、分裂後の大腸菌のDNAの重さを密度勾配遠心法で調べた。

|密度勾配遠心法| 塩化セシウム(CsCl)溶液に遠心力を加えると、底に近いほどCsCl濃度が高い状態(密度勾配)ができる。DNAは塩化セシウムの密度とつり合った部分に集まるので、^{14}N-^{14}NDNA、^{14}N-^{15}NDNA、^{15}N-^{15}NDNAのちがいという、**ごくわずかな質量の差でも分離できる**。このような方法を**密度勾配遠心法**という。

■ **結果** 1回目の分裂後には、大腸菌のDNAは**すべて中間の重さのDNA(^{14}N-^{15}NDNA)** となった。◯5

2回目の分裂後には、重いDNA(^{15}N-^{15}NDNA)は無く、**軽いDNA(^{14}N-^{14}NDNA)と中間の重さのDNAとの比が1:1** となった。◯5

3回目の分裂後には、重いDNAは無く、**軽いDNAと中間の重さのDNAとの比が3:1** となった。

> **ポイント** メセルソンとスタール
> …DNAの**半保存的複製**を証明

◯5. **その他のDNA複製様式だと仮定した場合に予想される結果**

● 保存的複製と仮定した場合
　もとのDNAを手本として新しいDNAを複製したとすると、1回目、2回目の分裂後は次のようになると考えられる。

	軽い	中間	重いDNA
1回目	1	0	1
2回目	3	0	1

(3回目以降も軽いDNAのみ増加)

● 分散的複製と仮定した場合
　もとのDNAを断片的に複製したと考えると、1回目、2回目の分裂後は次のようになると考えられる。

	軽い	中間	重いDNA
1回目	0	約1	0
2回目	0	約1	0

(3回目以降もほぼ同様)

⇒どちらの仮定とも結果がちがう。

|参考| **DNAの複製の限度**
真核生物のDNAは、永久に複製されるわけではない。DNAの末端の**テロメア**という構造は複製のたびに短くなり、これが一定以下の長さになると、複製が行われなくなって細胞分裂ができなくなる。

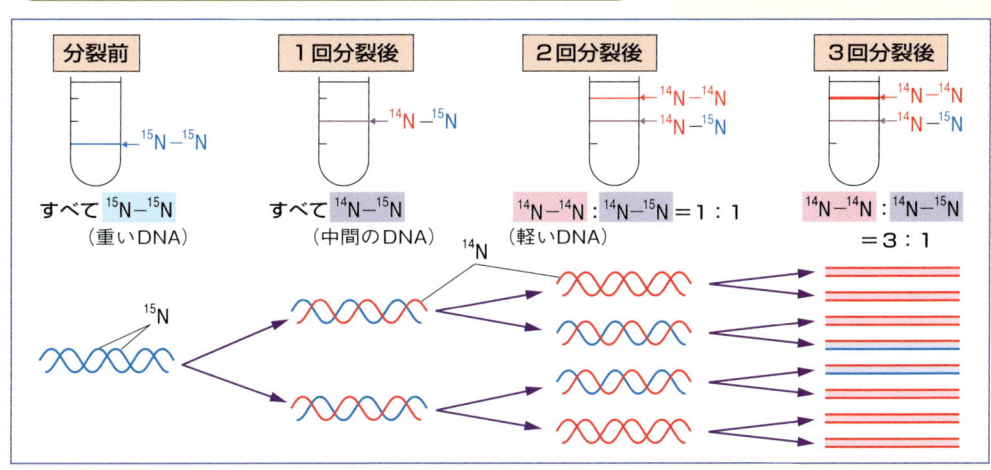

図15. 大腸菌を用いたメセルソンとスタールの実験

3 遺伝情報（DNA）の分配

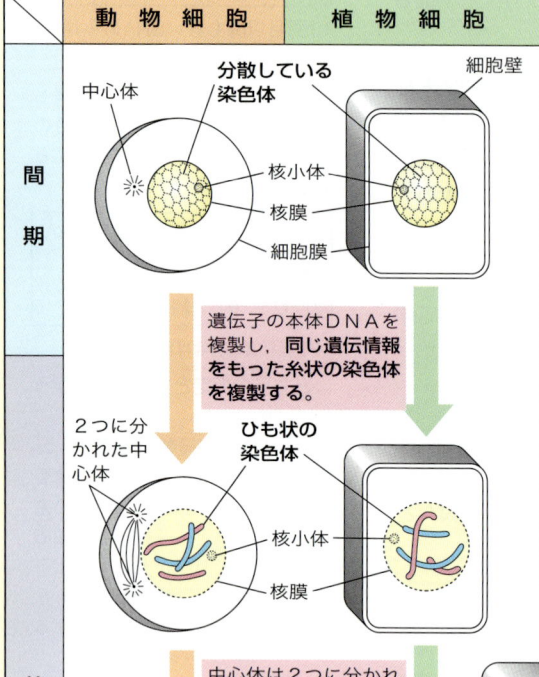

■ 間期に複製されたDNAは，娘細胞(むすめさいぼう)に分配される。そのしくみを調べてみよう。

1 体細胞分裂で細胞はふえる

■ **核分裂** 細胞周期の分裂期（M期）には，まず，**核分裂**（核の分裂）が起こる。分裂期は核や染色体の形態および変化により，**前期，中期，後期，終期**に分けられる。

■ **細胞質分裂** 終期には，**細胞質を2つに分ける細胞質分裂**が起こる。

> **ポイント**
> 〔体細胞分裂〕
> 核分裂（前期＋中期＋後期＋終期）
> ＋細胞質分裂（終期に起こる）

2 体細胞分裂の進み方

■ **前期** S期に複製されたDNAは，糸状の染色体を構成して核内に分散しているが，前期には凝縮して太いひも状になる。

図16. 体細胞分裂の過程

	動物細胞	植物細胞
間期	中心体／分散している染色体／核小体／核膜／細胞膜	細胞壁

遺伝子の本体DNAを複製し，同じ遺伝情報をもった糸状の染色体を複製する。

前期：2つに分かれた中心体／ひも状の染色体／核小体／核膜

中心体は2つに分かれて両極に移動し，紡錘糸を伸ばす。また，糸状の染色体は太いひも状の染色体となる。

動物細胞では星状体を形成する。

染色分体／染色体／紡錘糸／星状体／中心体

太いひも状の染色体は縦裂して，2本の染色分体から成るトンボの羽状の染色体となる。

紡錘糸／紡錘体／極帽

相同染色体（同形・同大の染色体）／赤道面

染色体が赤道面に並び，紡錘糸と染色体から成るレモン形の紡錘体が完成する。

紡錘体／赤道面

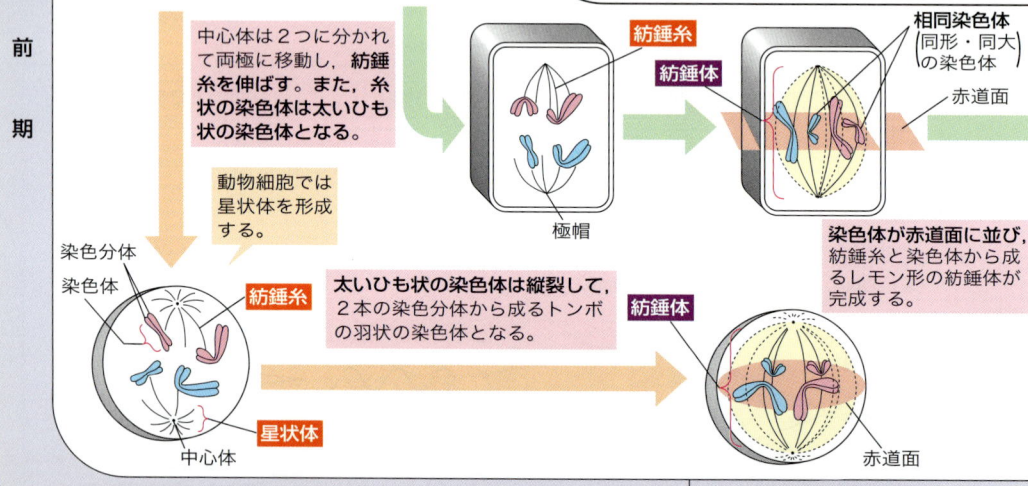

中期

■ **中期** ひも状の染色体は，さらに凝縮して**棒状の染色体**となり，細胞の赤道面に並ぶ。それぞれの染色体は，縦に裂け目ができて，トンボの羽状となる。

■ **後期** それぞれの染色体は縦裂して2つに分離し，細胞の両極に向かって移動する。

■ **終期** 核膜が再現して，染色体は再び分散する。染色体数とDNA量は，もと（母細胞のG_1期の数量）にもどる。

■ **細胞質分裂** 動物細胞では，終期に細胞の**赤道面でくびれ**て二分される。植物細胞では，終期に赤道面に**細胞板**が形成されて細胞質が二分される。細胞板はやがて細胞膜と細胞壁となって体細胞分裂が完了する。

■ **動物細胞と植物細胞の相違点**

	動物細胞	植物細胞
核分裂	**星状体**ができる◎1	星状体は見られない
細胞質分裂	**くびれる**	**細胞板**が形成される

> **ポイント**
> 〔体細胞分裂の過程〕
> ●**核分裂**━━**前期**…太いひも状の染色体が出現。
> 　　　　　━━**中期**…染色体が赤道面に並ぶ。
> 　　　　　━━**後期**…染色体が両極に移動。
> 　　　　　━━**終期**…核膜が現れ，染色体は分散。
> ●**細胞質分裂**（終期に起こる）
> 　動物細胞…赤道面で**くびれ**て二分される。
> 　植物細胞…赤道面に**細胞板**ができて二分される。

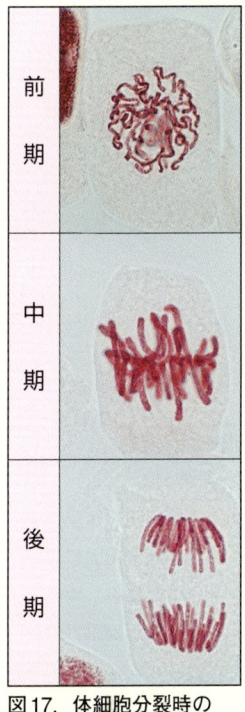

図17. 体細胞分裂時の染色体

◎**1. 星状体** 発展
星状体は，細胞分裂時に中心体が二分し，両極に移動してできる。星状体からは**紡錘糸**が伸び，染色体に付着して**紡錘体**を形成する。

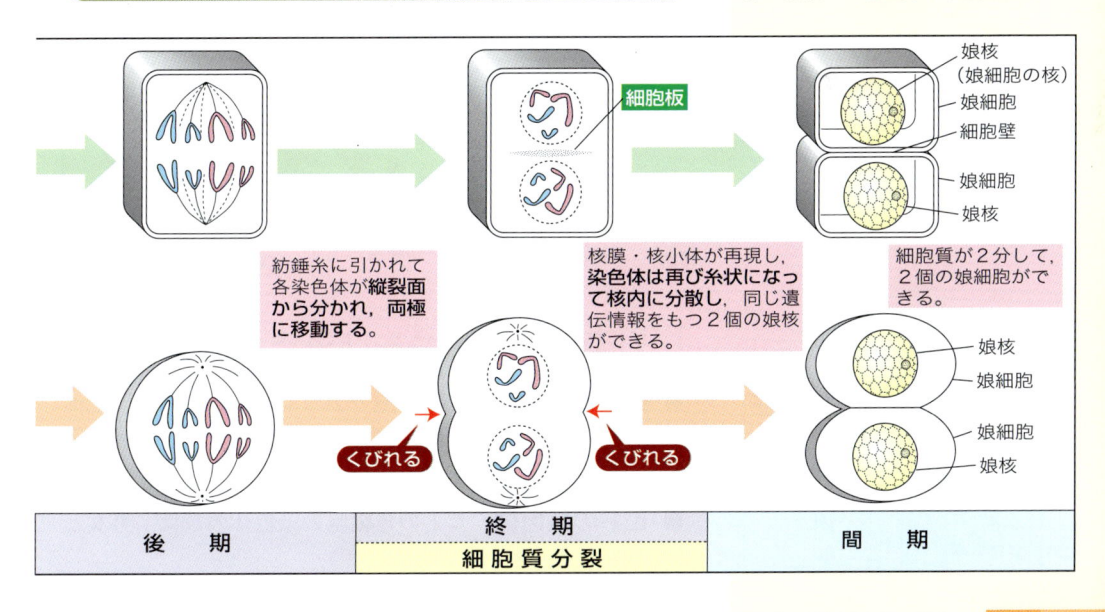

後期 → 紡錘糸に引かれて各染色体が縦裂面から分かれ，両極に移動する。

終期／細胞質分裂 → 核膜・核小体が再現し，染色体は再び糸状になって核内に分散し，同じ遺伝情報をもつ2個の娘核ができる。細胞板／くびれる／くびれる

間期 → 細胞質が2分して，2個の娘細胞ができる。娘核（娘細胞の核）／娘細胞／細胞壁／娘細胞／娘核／娘核／娘細胞／娘細胞／娘核

2章 遺伝子とその働き

3 細胞周期に伴って変化する染色体

■ **体細胞分裂と染色体** 遺伝情報をしまいこんでいる染色体は，その遺伝情報を発現(⇒p.42)している間期と分裂期では，形や構造が変化している。

■ **間期**
① **G₁期** 核内に分散した染色体から，遺伝情報を発現して，タンパク質合成などが盛んに行われて細胞は成長している。細胞周期の中で最も長い時期といえる。
② **S期** DNAが複製され，細い糸状の染色体になる。
③ **G₂期** 細い糸状の染色体が凝縮を始める。

■ **分裂期(M期)**
① **前期** 糸状の染色体がさらに凝縮して，太いひも状あるいは棒状の染色体となる。
② **中期** 棒状の各染色体は細胞の赤道面に並び，動原体の部分でしぼられて，全体がトンボの羽状になる。また，動原体に紡錘糸が付着する。
③ **後期** 紡錘糸が収縮することによって染色体は縦裂して分離し，両極に移動する。
④ **終期** 凝縮していた染色体はほどけて糸状の染色体にもどる。娘細胞としての新たな細胞周期が始まる。

表2. 細胞分裂の過程

核分裂…次の4期	
前期	染色体出現，核膜消失
中期	染色体が赤道面に並ぶ
後期	染色体が縦裂し両極へ
終期	核膜再現，2個の娘核
細胞質分裂	
終期に細胞質が2分される。	

図18. 体細胞分裂時の染色体

4 染色体の数や形は決まっている

■ **染色体の数と形** 体細胞分裂中期に観察される染色体の数と形・大きさは生物の種類によって決まっている。これらの染色体の特徴を核型という。

■ **ヒトの染色体** ヒトの体細胞の染色体の数は，男女ともに46本である。

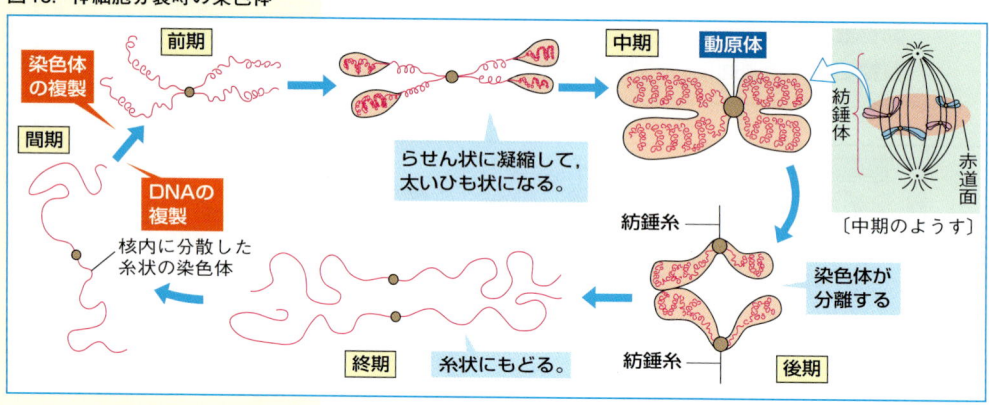

表3. 体細胞の染色体数

生物名	染色体の数($2n$)
ニワトリ	78
キイロショウジョウバエ	8
イネ	24
タマネギ	16

図19. ヒトの染色体構成（2n=46）

常染色体22対(44本)：男女で共通
性染色体1対(2本)：男女で異なる

5 細胞の分化と遺伝情報

■ **細胞の分化** 細胞が特定の形や働きをもつ細胞になることを，**細胞の分化**という。細胞の分化により，発生や個体の成長が進む。

■ **体細胞分裂と遺伝情報** 精子と卵から受け継いだ遺伝情報をもつ受精卵は，**卵割**と呼ばれる体細胞分裂の前に複製され，分裂によって娘細胞に分配されるので，**すべての体細胞は同じ遺伝情報をもつ**ことになる。

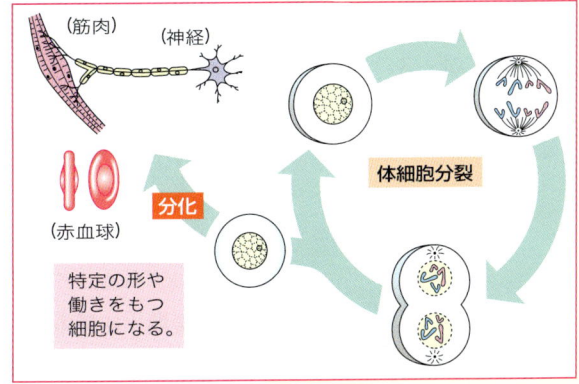

図20. 体細胞分裂と細胞の分化

■ **分化した細胞内の遺伝情報** 細胞が分化するのは，いつでもすべての遺伝情報が働くのではなく，**発生や成長の段階に応じて働く遺伝子が調節されている**からである。

ポイント **細胞の分化**…細胞が特定の形や働きをもつ細胞になること。働く遺伝子が調節された結果起こる。

2. 核移植実験
ガードンは，アフリカツメガエルを用いて図21のような核移植実験を行った。その結果，一部の卵が正常な幼生まで発生した。これにより，**分化した細胞の核でもすべての遺伝情報**（ゲノム⇒p.46）**をもつ**ことが証明された。

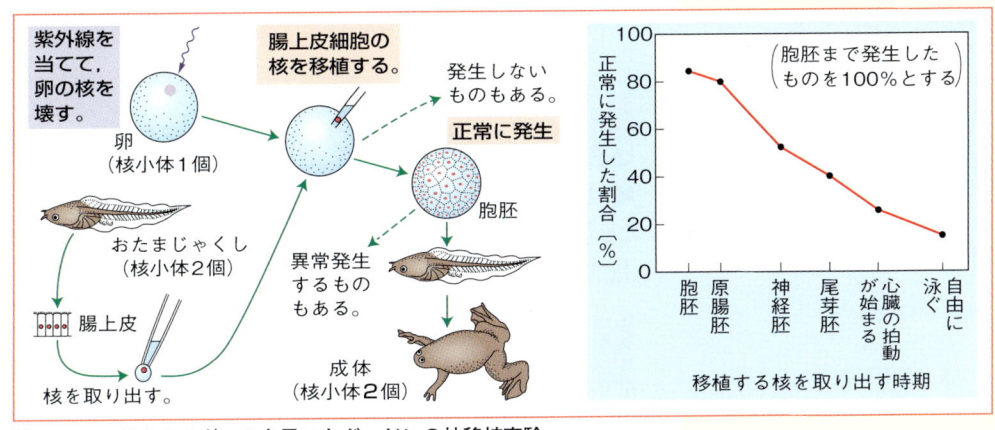

図21. アフリカツメガエルを用いたガードンの核移植実験

2章 遺伝子とその働き

4 遺伝情報とタンパク質の合成

■ DNAの遺伝情報が形質として現れることを**発現**という。その遺伝情報が発現するしくみを調べてみよう。

1 もう1つの核酸RNA

■ **RNAは1本鎖** 核酸にはDNAのほかに，**RNA（リボ核酸）**がある。RNAもDNA同様に多数のヌクレオチドが鎖状につながった**ヌクレオチド鎖**からできている。しかし，RNAは，ふつう，二重らせん構造をつくらず**1本鎖**である。

■ **RNAのヌクレオチド** RNAのヌクレオチドは，リン酸と**リボース**（$C_5H_{10}O_5$）およびA（アデニン），**U（ウラシル）**，G（グアニン），C（シトシン）の4種類の塩基のうちのいずれか1つが結合してできている。DNAのヌクレオチドとは，糖の種類と1つの塩基が異なっている。

■ **RNAの存在場所と働き** DNAがおもに核に存在して遺伝子の本体として働いているのに対し，RNAは細胞質と核に存在し，タンパク質の合成に関与している。

■ **RNAの種類** RNAには次の3種類があり，それぞれタンパク質合成に重要な働きをしている。

① **mRNA（伝令RNA）** DNAの遺伝情報を写し取って核から細胞質に伝える。
② **tRNA（運搬RNA）** 発展 mRNAの遺伝情報が指定するアミノ酸をリボソームまで運搬する。
③ **rRNA（リボソームRNA）** 発展 タンパク質と結合してリボソームをつくっている。

2 セントラルドグマ

■ **セントラルドグマ** 「遺伝情報は，DNA→RNA→タンパク質へと一方向に流れる」という，遺伝情報の発現の原則を**セントラルドグマ**という。

> **ポイント**
> RNA…DNAとは糖の種類と1つの塩基が異なる。
> セントラルドグマ…「DNA→RNA→タンパク質」という，遺伝情報の発現の原則。

	DNA	RNA
リン酸	リン酸	リン酸
糖	デオキシリボース	リボース
塩基	A（アデニン） T（チミン） G（グアニン） C（シトシン）	A（アデニン） U（ウラシル） G（グアニン） C（シトシン）

表4．ヌクレオチドの構造

★1. **DNAの存在場所**
真核生物では，DNAは核に99％含まれるが，ミトコンドリアや葉緑体も独自のDNAをもつ。このことは，ミトコンドリアや葉緑体のもととなる原核生物が大形の細胞に取り込まれて共生して細胞小器官になったと考える（⇨p.21）根拠の1つとなっている。

★2. **二重染色**
メチルグリーン・ピロニン染色液で二重染色すると，DNAはメチルグリーンで青〜青緑色に染色され，RNAはピロニンによって赤桃色に染色される。二重染色すると，DNAとRNAの存在場所を確認することができる。

★3. **セントラルドグマ**
DNAの遺伝情報（塩基配列）
　↓転写
RNAの塩基配列
　↓翻訳
アミノ酸配列＝タンパク質
遺伝形質の発現

3 DNAの形質発現は2タイプ

■ **構造タンパク質の合成** DNAの遺伝情報をもとに合成されたタンパク質が，からだの構造をつくるタンパク質（構造タンパク質）である場合は，「タンパク質合成」が「直接遺伝形質を発現する」ことになる。

■ **酵素の合成** 合成されたタンパク質が**酵素**である場合，酵素による化学反応で生成した物質により，間接的に遺伝情報として発現することになる。

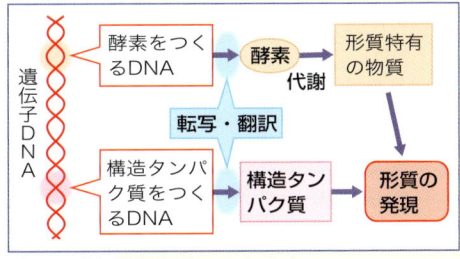

図22. 遺伝形質発現の2タイプ

ポイント
〔形質発現の2タイプ〕
構造をつくるタンパク質…**直接**的に形質を発現
酵素（触媒として作用）…**間接**的に形質を発現

4 転写してから翻訳する

■ **転写** DNAの塩基配列をRNAの塩基配列として写し取ることを**転写**という。DNAの塩基とRNAの塩基はDNAどうしの相補性と同じように対応している（⇒ p.44）。

■ **遺伝暗号とその翻訳** DNAをつくるヌクレオチド鎖の塩基は4種類，タンパク質をつくるアミノ酸は20種類あるので，**3個の塩基配列が1組となって1つのアミノ酸を指定**する。こうして指定されたアミノ酸がつながることで，タンパク質ができる。転写された遺伝情報をアミノ酸の配列に読みかえることを**翻訳**という。

■ **遺伝情報の解読** 発展
ニーレンバーグらは，大腸菌の抽出物に人工的に合成したmRNAを加えてタンパク質をつくる実験を行い，遺伝暗号を解読して**コドン表**（表5）を作成した。

例 DNAがTACGGCATAという塩基配列の場合，mRNAの塩基配列はAUGCCGUAUとなる。右の表から，アミノ酸はメチオニン，プロリン，チロシンと並ぶことがわかる。

✿ 4. 転写では，DNAの塩基とRNAの塩基の相補性を利用して，DNAの2本のヌクレオチド鎖の一方の塩基配列をもとにしたRNAがつくられる。

✿ 5. トリプレット
アミノ酸を指定する3個で1組の塩基配列を**トリプレット**という。アミノ酸は20種類あるので，その指定には1個や2個で1組の塩基配列では不足であるため，トリプレットを仮定する**トリプレット説**が提唱され，後にこれが確かめられた（表5）。
1個組　4＝4通り→不足
2個組　4×4＝16通り→不足
3個組　4×4×4＝64通り→十分

表5. コドン表（遺伝暗号表）

1番目の塩基	2番目の塩基				3番目の塩基
	U	C	A	G	
U	UUU / UUC フェニルアラニン UUA / UUG ロイシン	UCU / UCC / UCA / UCG セリン	UAU / UAC チロシン UAA / UAG （終止）	UGU / UGC システイン UGA （終止） UGG トリプトファン	U C A G
C	CUU / CUC / CUA / CUG ロイシン	CCU / CCC / CCA / CCG プロリン	CAU / CAC ヒスチジン CAA / CAG グルタミン	CGU / CGC / CGA / CGG アルギニン	U C A G
A	AUU / AUC / AUA イソロイシン AUG メチオニン(開始)	ACU / ACC / ACA / ACG トレオニン	AAU / AAC アスパラギン AAA / AAG リシン	AGU / AGC セリン AGA / AGG アルギニン	U C A G
G	GUU / GUC / GUA / GUG バリン	GCU / GCC / GCA / GCG アラニン	GAU / GAC アスパラギン酸 GAA / GAG グルタミン酸	GGU / GGC / GGA / GGG グリシン	U C A G

❂6. 発展 RNA合成酵素がDNAのどちらの鎖を鋳型として転写するかは、プロモーターと呼ばれるDNAの塩基配列部分によって指定されている。

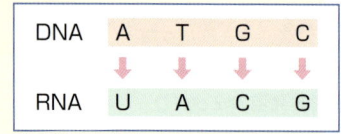

DNA	A	T	G	C
	↓	↓	↓	↓
RNA	U	A	C	G

図23. 転写時の塩基の対応

❂7. 発展 この結合は、2本鎖DNAを結びつけているのと同じ水素結合という結合である。

❂8. エキソン 発展
タンパク質合成に関係する塩基配列(遺伝子となっている塩基配列)の部分を、エキソンという。

❂9. イントロン 発展
タンパク質合成に関係のない塩基配列(遺伝子となっていない塩基配列)の部分を、イントロンという。

❂10. コドンとアンチコドン 発展
3つの塩基配列で1つのアミノ酸を指定するトリプレットはふつうmRNA配列で示され、コドンと呼ばれる(⇒p.43)。これに対して相補的なtRNAのものをアンチコドンという。

図24. 遺伝情報の転写と翻訳

5 真核細胞のタンパク質合成

■ **遺伝情報の転写** 核内では、DNAの塩基配列をRNAの塩基配列として写し取る過程(転写)が進む。

① 核内にあるDNAの2本鎖の一部がほどけて、鋳型となるほうの1本鎖の塩基A、T、G、Cに、それぞれRNAのヌクレオチドのU、A、C、Gが相補的に結合する。

② これに酵素(RNA合成酵素、RNAポリメラーゼともいう)が働き、隣り合うRNAのヌクレオチドどうしを結合させる。

③ これを順にくり返すことで、DNAの塩基配列を正確に写し取った1本鎖状のRNAがつくられる。この過程を遺伝情報の転写という。

④ 発展 真核生物のDNAの塩基配列には、タンパク質合成に関係する塩基配列の他に、タンパク質合成に関与しない塩基配列も含まれている。転写後に、タンパク質合成に関与しない塩基配列はRNAから取り除かれる。この過程をスプライシングという。スプライシングの結果、転写されたRNAはmRNA(伝令RNA)となる。

⑤ できあがったmRNAは、核膜孔を通って核内から細胞質へと出て行く。

■ **遺伝情報の翻訳** 細胞質中では、mRNAの遺伝暗号(塩基配列)をアミノ酸配列に置き換え、タンパク質を合成する過程(翻訳)が進む。

⑥ 発展 細胞質に出たmRNAは、細胞小器官の1つであるリボソームに結合する。

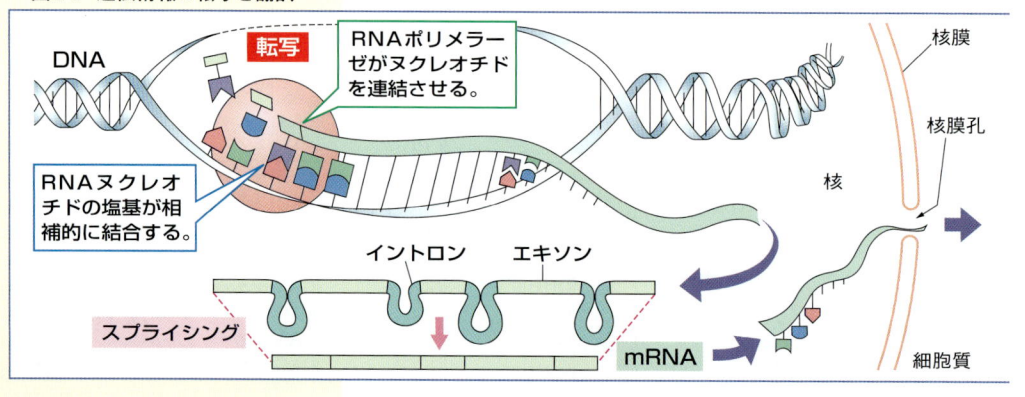

⑦ 発展 リボソームでは、mRNAのコドンと相補的なアンチコドンをもったtRNA(運搬RNA)が結合する。

⑧ 発展 tRNAはそのアンチコドンごとに特定のアミノ酸と結合しており，アミノ酸どうしが**ペプチド結合**で連結されると，tRNAは離れていく。

⑨ 発展 リボソームは，mRNAの遺伝暗号を読み取りながら移動し，**ポリペプチド鎖**※11を伸ばしていく。

⑩ mRNAの塩基配列がアミノ酸配列に置き換えられた**タンパク質**ができる。この，mRNAをもとにタンパク質を合成する過程を**遺伝情報の翻訳**という。

DNA（鋳型）	A	T	G	C
↓	↓	↓	↓
mRNA（コドン）	U	A	C	G
↓	↓	↓	↓
tRNA（アンチコドン）	A	U	G	C

図25．DNAの塩基とコドン，アンチコドンの塩基の対応関係

ポイント〔遺伝情報と形質発現〕

　　　　　（核内）　　　（細胞質内）
　　　　　 転写　　　　　翻訳
　DNA ⇒ mRNA ⇒ タンパク質
　　　　└ RNA合成酵素　└ tRNA・リボソーム

✻11. ポリペプチド鎖 発展
アミノ酸がペプチド結合（⇒p.12）によって複数つながって鎖状になったものを**ポリペプチド鎖（ポリペプチド）**という。

⑥ 原核生物の遺伝情報の転写と翻訳 発展

■ **転写と翻訳が同時進行**　大腸菌のような核をもたない原核生物では，合成中のmRNAにリボソームが結合し，**遺伝情報の転写と翻訳が同時並行で行われる**。また，原核生物ではタンパク質の合成に関与しない塩基配列はほとんどないので，スプライシングは行われない。

ポイント〔原核生物の転写と翻訳〕
転写と翻訳が同時に進行する。
スプライシングは起こらない。

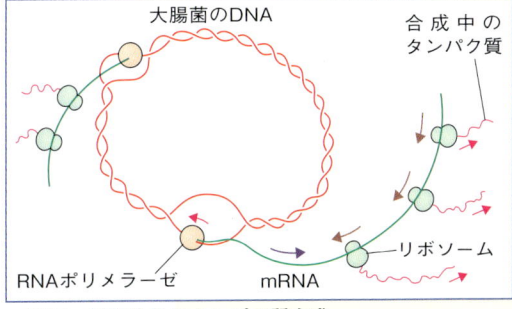

図26．原核生物のタンパク質合成

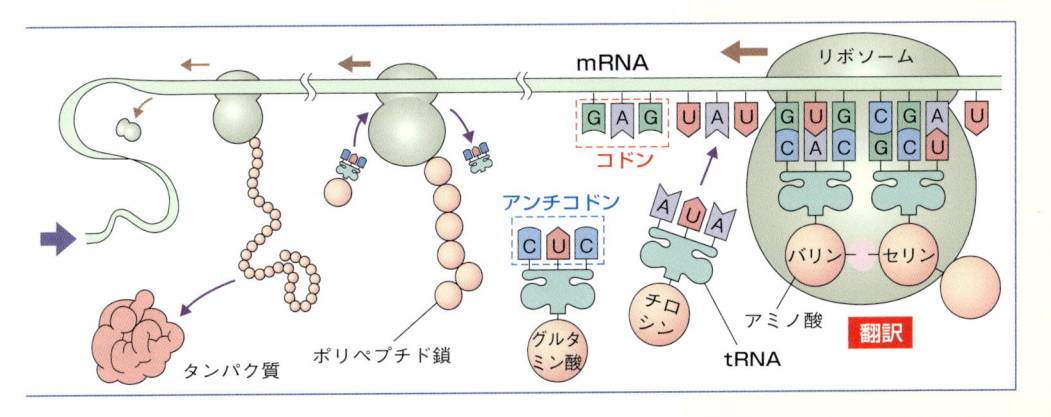

5 ゲノムと遺伝情報

■ 生物が自らの生命を維持するために必要な遺伝情報，ゲノムとはどのようなものかを学習しよう。

1 ゲノム

■ **ゲノム** 生物が自らの生命を維持するのに必要な最小限の遺伝情報の1セットを**ゲノム**という。ゲノムはその生物の生殖細胞がもつ遺伝情報に相当する。

■ **いろいろな生物のゲノムと遺伝子** いろいろな生物での1ゲノムの塩基対の数と遺伝子数(推定値)は次のようになっている。

生物名	ゲノムの総塩基数	遺伝子数
大腸菌	約500万	約4500
酵母菌	約1200万	約7000
ショウジョウバエ	約1億	約14000
チンパンジー	約30億	約20000
ヒ ト	約30億	約22000
イ ネ	約4億	約32000

表6. 生物ごとの1ゲノム中の総塩基数と遺伝子数

2 ゲノムと遺伝子

■ **ゲノム中の遺伝子の割合** 真核生物では，遺伝子として働く塩基対は，ゲノムのごく一部である。ヒトの場合は，約30億ある塩基対の中で，遺伝子として働く塩基対は約4500万で，ゲノム全体の1.5％程度である。これは，遺伝子として働く塩基配列の間に，遺伝子としては働かない塩基配列が長く，多数あるためである。

原核生物では，遺伝子どうしが接近して存在していて，遺伝子として働かない部分がほとんど無い。つまり，ほとんどの塩基対が遺伝子として働いている。

> **ポイント**
> **ゲノム**…自らの生命を維持するのに最小限必要な遺伝情報の1セット。
> **遺伝子**…真核生物では，遺伝子として働くのはゲノムのごく一部。原核生物ではほとんどが遺伝子。

✿ **1. ゲノムに見られる個人差**
ヒトのゲノムでも，個人によって0.1％程度の異なりが見られる。そのため，薬の効き方などが個人によって異なる。これを調べることにより，個人個人に最適の薬をつくるオーダーメイド創薬が試みられている。

✿ **2. ヒトの塩基対数**
ヒトの体細胞は，2ゲノムからできているので，30億×2＝60億個の塩基対をもっている。

✿ **3. エキソンとイントロン**
遺伝子として働く塩基配列を**エキソン**，遺伝子としては働かない塩基配列を**イントロン**という。真核生物では，DNAの塩基配列の転写後，**スプライシング**によってイントロンが取り除かれる。その結果mRNAができ，細胞質のリボソームにタンパク質合成の情報が伝えられる(⇒p.44)。

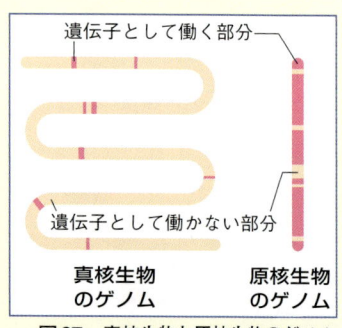

図27. 真核生物と原核生物のゲノム

3 からだを構成する細胞とゲノム

■ **からだを構成するゲノム** 多細胞生物のからだをつくる細胞は，1個の受精卵が体細胞分裂をくり返したものなので，基本的には体細胞はすべて同じゲノムをもっている。

■ **核移植実験**

①**アフリカツメガエルの核移植実験** イギリスのガードンは，アフリカツメガエルを用いて核移植実験を行い，発生の進んだ個体の核でも，受精卵と同じゲノムをもつことを明らかにした（⇒p.41）。

②**ヒツジの核移植実験** ヒツジの未受精卵から核を除去し，別のヒツジの体細胞の核を移植したところ，正常に発生してヒツジとなった。このヒツジがもつゲノムは核を提供したヒツジと全く同じゲノムをもつクローンであった。

> **ポイント** 〔細胞とゲノム〕
> 同一個体の体細胞はすべて同じゲノムをもつ。
> 核移植で得られる個体は，クローンである。

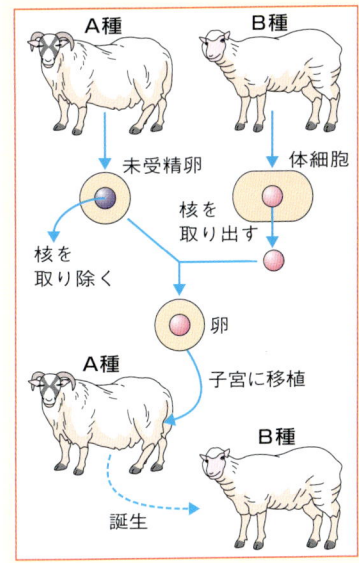

図28．クローンヒツジ

4．クローン
全く同じ遺伝子組成をもつ個体や細胞のこと。

参考 **細胞の分化とiPS細胞**
2006年，京都大学の山中伸弥教授は，ヒトの皮膚の細胞に4つの遺伝子を入れて人為的に発現させ，さまざまな組織に分化する能力をもつ万能細胞であるiPS細胞をつくることに世界で初めて成功した。今後，再生医療や薬の開発などへの応用が期待されている（⇒p.54）。

4 多細胞生物のゲノム

■ **選択的に働くゲノム** 多細胞生物の体細胞は，すべて同じ遺伝子情報をもっているが，その遺伝子はすべて同じように働くのではなく，特定の細胞では，ゲノムの中の特定の遺伝子だけが働くように調節されている。

■ **だ腺染色体とパフ** キイロショウジョウバエなどの幼虫のだ腺（だ液腺）の細胞には，だ腺染色体という巨大な染色体が見られる。これには多数の横しまがあり，酢酸オルセイン溶液などでよく染まることから，横しまは遺伝子の位置に対応すると考えられている。

また，だ腺染色体のところどころにあるパフという膨らみでは，mRNAが盛んに合成されており，遺伝子が働いている部分であるといえる。

■ **パフとゲノム** パフの位置は発生段階によって異なるので，幼虫の成長段階によってゲノムの中の発現する遺伝子が調節されていることがわかる。

> **ポイント** 発生段階によって働く遺伝子は異なる。

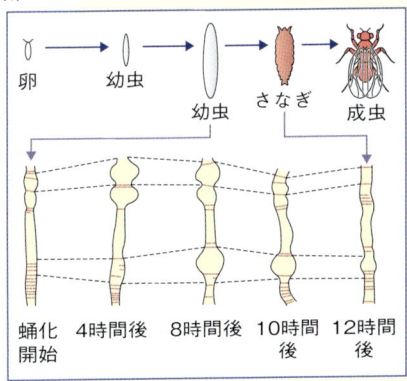

図29．発生段階とだ腺染色体のパフ
蛹化は幼虫からさなぎへの変化である。

重要実験 体細胞分裂の観察 〔材料…タマネギの根〕

> 実験の方法とそれをする理由が重要！

方法

1. タマネギの鱗茎（りんけい）の底部を水につけて発根させる。（タマネギの種子を，水をたっぷりと含ませたろ紙の上にまいて発根させてもよい。）
2. タマネギの根端を先から20mm程度の所で切り取り，**カルノア液（エタノール，クロロホルム，酢酸の混合液）**や**45%酢酸**などの固定液に10～15分間浸す。➡ 固定
3. 固定後，根端を60℃にあたためた4%塩酸に10～30秒間程度浸す。➡ 解離
4. 根端をスライドガラスの上にのせ，先端から3mm程度を残して，他は捨てる。
5. 酢酸オルセイン液か酢酸カーミン液を2～3滴かけ，5分間おいて染色する。➡ 染色
6. カバーガラスをかけて，その上からろ紙をかぶせ，親指の腹の部分で真上から静かに押しつぶす。➡ 押しつぶし
7. はじめは低倍率で検鏡し，分裂期の細胞を見つけたら，高倍率に変えて検鏡する。

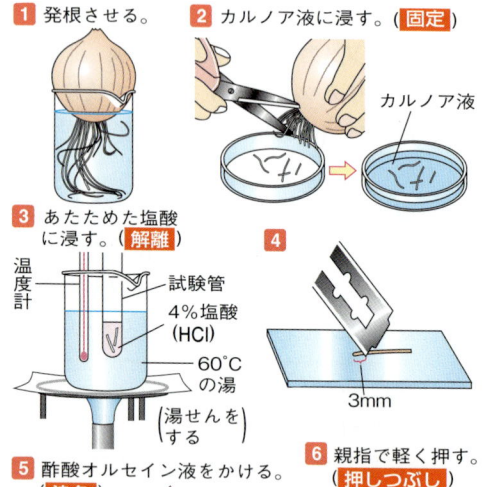

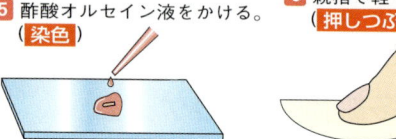

結果

● 体細胞分裂の順に並べると，次のようになる。

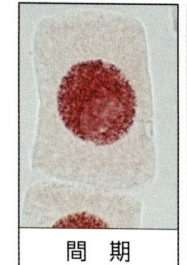

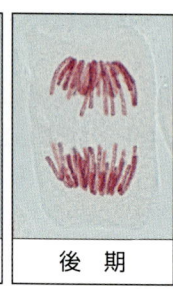

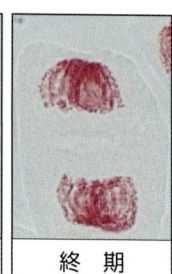

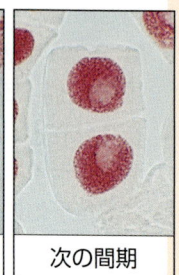

| 間期 | 前期 | 中期 | 後期 | 終期 | 次の間期 |

考察

1. 固定は何のためにするのか。 ➡ 細胞の死によって起こる**変化を防ぐため**。
2. 解離は何のためにするのか。 ➡ 細胞壁どうしを接着しているペクチンを分解して，**細胞の結合をゆるめるため**。
3. 押しつぶしは何のためにするのか。 ➡ 多層になっている**細胞を一層に並べるため**。
4. 染色体の状態を調べるには，何期の細胞を観察したらよいか。 ➡ 染色体が赤道面に並ぶ，**前期の終わりから中期**にかけてが観察しやすい。
5. 母細胞と娘細胞では染色体数は変化したか。 ➡ **染色体数は変化しない**。

1編 細胞と遺伝子

重要実験　だ腺染色体の観察
〔材料…ユスリカの幼虫〕

> だ腺染色体の横じまには，DNAがあるんだよ！

方法

ユスリカの幼虫（アカムシ）のだ腺（だ液腺）にあるだ腺染色体（だ液腺染色体）は，**間期でも太いひも状になっている**ので，顕微鏡で観察できる。だ腺染色体を観察し，形や特徴を調べてみよう。

1. 体色が赤く，元気のよいユスリカの幼虫を1匹スライドガラスの上にのせ，頭部と頭部から第5節目あたりをピンセットでつまんで左右にひくと，2個の透明なだ腺が出てくる。
2. だ腺以外の部分を除去する。だ腺は**1～2mmの透明なハート形の小体**で脂肪体と似ているが，脂肪体は乳白色なので見分けられる。
3. 染色…**メチルグリーン・ピロニン溶液**（→p.42）を1滴落として，約5分間染色する。
4. 押しつぶし…カバーガラスをかけた上にろ紙をのせ，親指の腹の部分で真上から静かに押して，だ腺を押しつぶす。
5. 検鏡…低倍率で検鏡し，よく染色されて広がっているだ腺染色体を探し，高倍率にして，形・数・しま模様などを観察し，スケッチする。

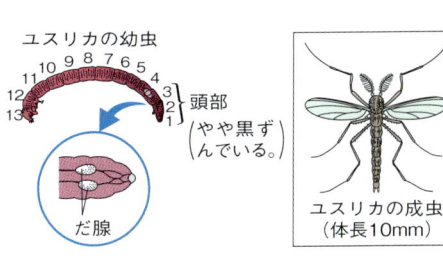

① だ腺を取り出す。　② だ腺だけをより分ける。　③ メチルグリーン・ピロニン溶液　5～10分間放置する。　④ 押しつぶす。

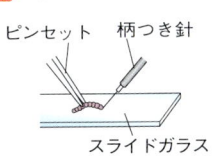

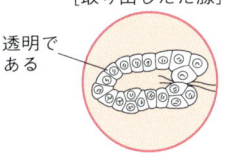

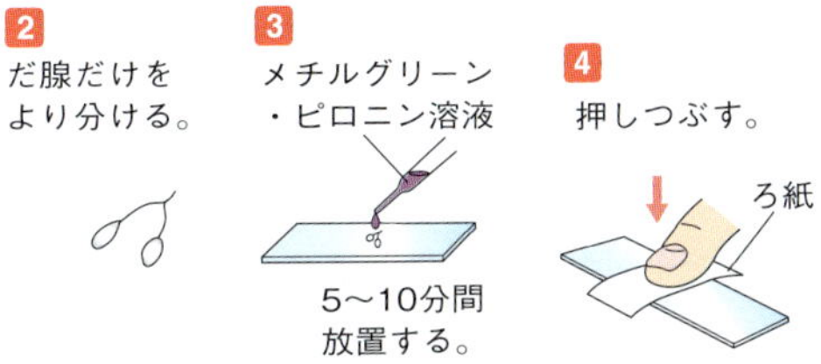

結果

1. 多数の横じまをもつだ腺染色体が観察される。うまく押しつぶすと，だ腺染色体が核から飛び出してよく広がり，染色体の形や数が観察できる。
2. 高倍率で観察すると，**パフ**と呼ばれる染色体の膨らみが見られ，赤桃色に染色されて見える。また，横じまの部分は青～青緑色に染色されて見える。

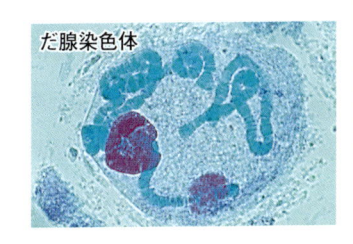

考察

1. ユスリカの染色体数は2n=8（種によっては2n=6）である。だ腺染色体は何本観察されるか。
   → だ腺染色体は相同染色体が対合しているので，その数は**体細胞の染色体数の半数**である。
2. 横じまの部分には，何があるか。
   → **DNA**が存在する遺伝子の座となっている。
3. パフの部分は，どのような働きをしていることがわかるか。また，発生に伴ってパフの位置が変化するのはなぜか。
   → **パフ**の部分では**遺伝子が働き**，RNAが合成されていることがわかる。発生の進行に伴って働く遺伝子は異なるので，パフの位置も変化する。

2章　遺伝子とその働き

テスト直前チェック　定期テストにかならず役立つ！

1. ☐ DNAを構成する物質の単位は何か？
2. ☐ DNAを構成する物質は，リン酸と塩基が何という糖に結合したものか？
3. ☐ DNAに含まれる塩基AとT，GとCの数（の比）が等しいという規則を何という？
4. ☐ DNAがとる立体構造のことを何という？
5. ☐ 4のモデルを提唱したのは誰と誰か？
6. ☐ 遺伝情報はどのような形でDNAに記録されているか？
7. ☐ 体細胞分裂が終わってから次の体細胞分裂が終わるまでを何という？
8. ☐ 細胞周期のうち，分裂期を除いた期間を何という？
9. ☐ DNAの合成が行われる時期は，G_1期，S期，G_2期，M期のどの時期か？
10. ☐ DNA合成期にDNAが合成されると，DNA量はもとの何倍になるか？
11. ☐ 染色体が赤道面に並ぶのは，分裂期のどの時期か？
12. ☐ 細胞質分裂が起きるのは，分裂期のどの時期か？
13. ☐ 細胞が特定の形や働きをもつ細胞になることを何という？
14. ☐ RNAを構成する物質をつくっている糖は何か？
15. ☐ DNAとRNAで共通する塩基は何か？
16. ☐ 遺伝情報がDNA→RNA→タンパク質への一方向に流れるという原則を何という？
17. ☐ 形質発現の過程でDNAの塩基配列をRNAに写しとることを何という？
18. ☐ mRNAの塩基配列をアミノ酸配列に置き換えることを何という？
19. ☐ 1つのアミノ酸を指定するmRNAの塩基配列は，何個で1組になっているか？
20. ☐ 生物個体が生命活動を営むのに最小限必要な遺伝情報の1セットを何という？
21. ☐ ヒトの1ゲノムの塩基対の数はおよそいくつか？
22. ☐ 発生が進んで分化した細胞のもつゲノムは，受精卵のものと同じか，異なるか？
23. ☐ だ腺染色体の膨らんだ部分を何という？

解答

1. ヌクレオチド
2. デオキシリボース
3. シャルガフの規則
4. 二重らせん構造
5. ワトソンとクリック
6. 塩基配列
7. 細胞周期
8. 間期
9. S期
10. 2倍
11. 中期
12. 終期
13. 細胞の分化
14. リボース
15. アデニン（A），グアニン（G），シトシン（C）
16. セントラルドグマ
17. 転写
18. 翻訳
19. 3個
20. ゲノム
21. 30億（30億塩基対）
22. 同じ。
23. パフ

定期テスト予想問題　解答→ p.133~134

1 核酸の構造

右の図は，核酸の構成単位の模式図である。各問いに答えよ。

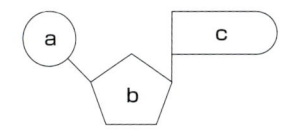

(1) この構成単位の名称を答えよ。
(2) (1)を構成するcは，DNAとRNAについてそれぞれ4種類ずつある。それぞれすべて答えよ。
(3) 図中のa，bは下の語群のいずれを示したものか。記号で答えよ。
　ア　リン酸　　イ　塩基　　ウ　糖
(4) DNAとRNAでは，図中のbはそれぞれ何という化合物でできているか。
(5) DNAは上図の構成単位が極めて多数結合してできていて，独特な構造になっている。DNAのこの構造は，何と呼ばれているか。
(6) (5)を発見したのは誰と誰か。
(7) DNAの塩基の組成を調べたところ，アデニンが全体の20％を占めた。シトシンの占める割合は何％か。

2 DNAの構造

右の図は，DNAの構造の模式図である。各問いに答えよ。

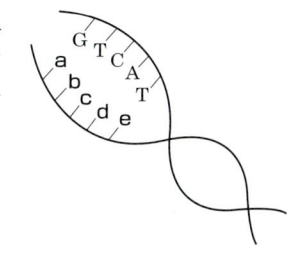

(1) 図中のa～eにあてはまる塩基を答えよ。
(2) DNAの塩基は，AとT，CとGがそれぞれ対をつくっている。このように特定の塩基が対をつくりやすい性質のことを何というか。
(3) DNAの塩基の関係として成り立つ式を，次の①～④のうちから1つ選べ。
　① A＋T＝G＋C　　② A＋G＝C＋T
　③ 2A＝T＋C＋G　　④ 3T＝A＋C＋G
(4) 図中で，A，T，G，Cで示されている塩基の名称をそれぞれ答えよ。

3 DNAの塩基組成

下の表は，いろいろな動物の表皮細胞のDNAを構成する塩基の割合〔％〕を調べたものである。各問いに答えよ。

生物名	A	C	G	T
バッタ	29.3	20.7	20.5	29.3
ニワトリ	28.8	21.5	20.5	29.2
ヒト	30.3	19.9	19.5	30.3

(1) この表からわかるような塩基の割合に見られる規則性を何というか。
(2) ヒトの肝臓のDNAでは，塩基としてAを含むヌクレオチドの割合は何％か。
(3) ヒトの精子のDNAでは，塩基としてGを含むヌクレオチドの割合は何％か。

4 DNA分子の大きさ

ヒトの体細胞の核には46本の染色体があり，ヒトの体細胞の核に含まれるDNAの塩基対数は約60億である。DNA分子では，10塩基対の長さは3.4 nm（ナノメートル）である。各問いに答えよ。ただし，長さの単位の関係は次のようになっている。

　$1\ \mu m$（マイクロメートル）$= 1000$ nm
　1 mm $= 1000\ \mu m$
　1 m $= 1000$ mm

(1) ヒトの体細胞の核1個に含まれているDNAの長さは約何mか。
(2) ヒトの染色体の大きさが等しいと考えると，染色体1本に含まれるDNAの平均の長さは何 μm か。
(3) 体細胞分裂中期に見られるヒトの染色体の平均の長さを $5\ \mu m$ とすると，その染色体をつくっているDNAの長さの何分の1に凝縮されていることになるか。

2章　遺伝子とその働き　51

5 細胞の一生

下の図は，体細胞分裂が終わってから次の体細胞分裂が終わるまでの期間のDNA量の変化を示したものである。各問いに答えよ。

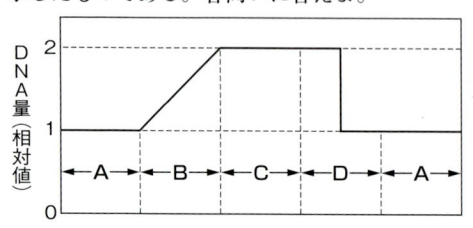

(1) 下線部のことを何というか。
(2) A〜Dの時期をそれぞれ何というか。
(3) 間期に含まれるものを，A〜Dからすべて選べ。
(4) 細胞の一生の中で，最も長い時期を，A〜Dから選べ。

6 体細胞分裂

下の図は，ある生物($2n=4$)の体細胞分裂の過程を示したものである。各問いに答えよ。

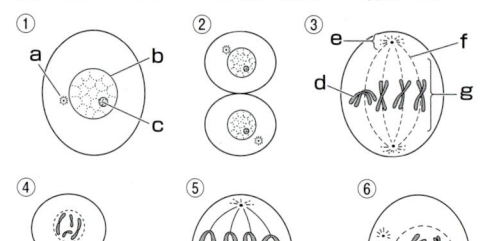

(1) 図は，動物，植物のどちらの細胞分裂を示したものか。また，そう判断した理由も説明せよ。
(2) 発展 図中のa〜gの各部の名称を答えよ。
(3) ①〜⑥の図を，体細胞分裂の正しい順に並べかえよ。
(4) 娘細胞を示す図はどれか。また，娘細胞に含まれる染色体は何本か。

7 DNAの複製のしくみ 発展

DNAの複製のしくみを調べるために，次のような実験が行われた。各問いに答えよ。

実験1 大腸菌を培養する培地の窒素源として^{15}Nを含む培地で何代も培養すると，ふつうのDNA(^{14}N-^{14}N-DNA)に対し重い窒素でできたDNA(^{15}N-^{15}N-DNA)をもつ大腸菌ができた。

実験2 実験1の大腸菌を窒素源として^{14}Nを含むふつうの培地に移して，細胞分裂をそろえる薬品を入れて，1回分裂させたところ，中間の重さのDNA(^{15}N-^{14}N-DNA)をもつ大腸菌ができた。

(1) 実験2で第2回目の分裂をさせたときの大腸菌のもつDNAの割合(軽いDNA：中間のDNA：重いDNA)はどうなるか。
(2) (1)で第3回目の分裂をさせたとき，大腸菌に含まれるDNAの重さの割合はどうなるか。
(3) この実験より明らかになったDNAの複製のしくみを何というか。
(4) この実験を行い，DNAの複製のしくみを証明したのは誰と誰か。

8 RNA

核酸の一種であるRNAは，タンパク質の合成に重要な働きをしている。RNAは，DNA同様ヌクレオチドが構成単位であるが，いくつかの点でDNAとは異なっている。各問いに答えよ。

(1) RNAのヌクレオチドをつくる糖は何か。
(2) RNAのヌクレオチドをつくる塩基の中で，DNAとは異なる塩基は何か。
(3) RNAを構成するヌクレオチド鎖は何本か。
(4) 発展 RNAの1つであるmRNAの働きを，次のア〜ウから選べ。
　ア　アミノ酸を運ぶ。
　イ　リボソームを構成する。
　ウ　DNAの遺伝情報を細胞質に伝える。

9 DNAとRNA

下に示した，あるDNAのヌクレオチドの塩基配列について，各問いに答えよ。

　　　ATTCATGGCTAACCG

(1) この塩基配列を写しとったRNAの塩基配列を答えよ。
(2) 真核生物では，転写はどこで行われるか。
(3) 転写の結果できたRNAを何というか。
(4) このDNAの塩基配列では，何個のアミノ酸の並び方が決定されるか。

10 タンパク質の合成

次の図は，真核生物のタンパク質合成の過程を示したものである。各問いに答えよ。

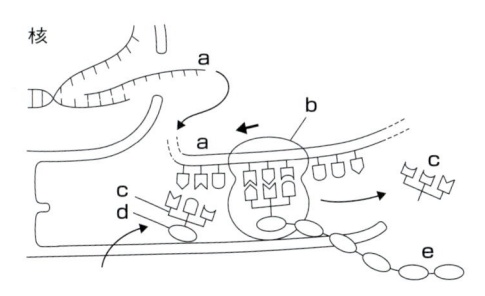

(1) 図中のa〜eにあてはまる名称をそれぞれ答えよ。（発展 b，c）
(2) DNAの塩基配列をもとに図中のaが合成されることを何というか。
(3) DNAの塩基配列がATGCATの場合，aの塩基配列はどうなるか。
(4) 図中のaの塩基配列にもとづいてbがタンパク質を合成する働きを何というか。
(5) 発展 真核生物では核内でaが合成されるとき，アミノ酸配列を示さない塩基配列が除かれる。この過程を何というか。
(6) 発展 (5)のとき除かれる塩基配列を何と呼ぶか。また逆に遺伝子として働く部分の塩基配列を何と呼ぶか。
(7) 遺伝情報がDNA→a→タンパク質へと一方向に流れるという，遺伝情報の発現の原則を何というか。

11 核の移植

分化した細胞の核内の遺伝情報について調べるために，次のような実験が行われた。各問いに答えよ。

実験 A種のヒツジの乳腺の細胞（体細胞）から核を取り出し，これをB種のヒツジの核を除いた卵細胞に移植した。この卵細胞を胚胎まで育てた胚を，B種のヒツジの雌の子宮に移植したところ，その雌から生まれたヒツジはA種の形質をもっていた。

(1) 文中の下線部のような実験を何と呼ぶか。
(2) この実験から，成体の組織に分化した細胞の核についてどのようなことがいえるか。次のア〜ウから適当なものを選べ。
　ア　核内のすべての遺伝情報を発現している。
　イ　異なる組織の細胞もすべての遺伝子をもっている。
　ウ　同じ組織ならば，A種もB種もちがいはない。

12 ゲノムと遺伝情報

次の各問いに答えよ。

(1) ゲノムとは何かを，簡潔に説明せよ。
(2) 次の文のうち，正しいものには○，誤っているものには×をつけよ。
　① 真核生物のゲノムの塩基配列は，ほとんど遺伝子として働いている。
　② 原核生物のゲノムの塩基配列は，ほとんど遺伝子として働いている。
　③ ヒトの精子がもつ遺伝情報は，ゲノムであるとはいえない。
　④ 特定の細胞では，ゲノムの中の特定の遺伝子だけが働くように調節されている。

ホッとタイム　ヒト万能細胞とこれからの医療

> ◎ここにあげたiPS細胞とES細胞の話は，テストには出ないかもしれないが，いつか何かの役に立つかもしれない。

● **iPS細胞**　核移植実験(→p.47)の成功によって，分化した動物細胞の核の遺伝子でも初期化が可能であることが明らかになった。これにより体細胞からの多能性幹細胞の作出を目指し世界中で研究が進められた。2007年11月，京都大学の山中伸弥教授は，約22000個もあるヒト遺伝子の中から選び出した4個の遺伝子を皮膚の細胞に導入し，究極のヒト多能性幹細胞・iPS細胞(induced Pluripotent Stem cell＝人工多能性幹細胞)をつくることに成功したと発表した。

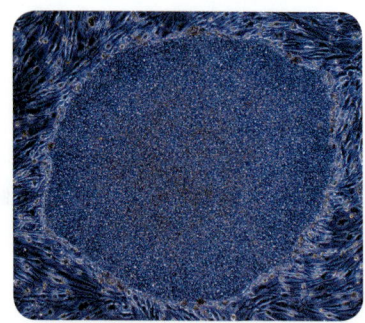

ヒト成人皮膚細胞からつくられたヒトiPS細胞の細胞塊

● **ES細胞**　動物の受精卵がもっている分化の全能性は，卵割を重ね，細胞が分化していくに伴って低下していく。それぞれの細胞のもつ遺伝子が減るわけではないが，遺伝子にロックがかかり，ほかの細胞に変化できなくなるのだ。1998年，アメリカのジェームズ トムソン教授は胚盤胞の内部細胞塊という未分化の細胞を培養して，受精卵のように分化の全能性をもつ細胞株をつくることに成功した。これがES細胞(Embryonic Stem cell＝胚性幹細胞)である。

山中伸弥教授

● **ES細胞のもつ問題点**　分化の全能性をもつ「万能細胞」が誕生したことで，再生医療への実用化がおおいに期待されるようになった。しかし，ヒトのES細胞は「本当なら赤ちゃんになるはず」の初期胚を壊して得た細胞であるという点で倫理的に問題がある。また，病気の治療のための臓器移植に利用しようとしても，ES細胞からつくった組織や臓器は患者にとって「他人のもの」なので拒絶反応の問題が避けられない(→p.87, 92)。

● **iPS細胞のこれから**　iPS細胞は，ES細胞がもつ倫理的な問題をクリアーでき，また患者本人の細胞を使うことで臓器移植における拒絶反応の心配もない。難病患者の細胞からiPS細胞をつくることで，治療困難な病気の発症の研究や，薬剤の効果・毒性をテストするなど，医療へのさまざまな利用が期待されている。現在は，iPS細胞をつくるためのより安全で効率的な手法やiPS細胞の応用についての研究が各国で進められている。

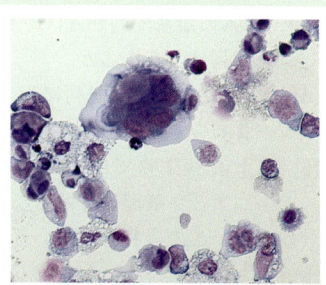

ヒトiPS細胞から作製した巨核球(血小板のもとになる細胞)

2編 生物の体内環境の維持

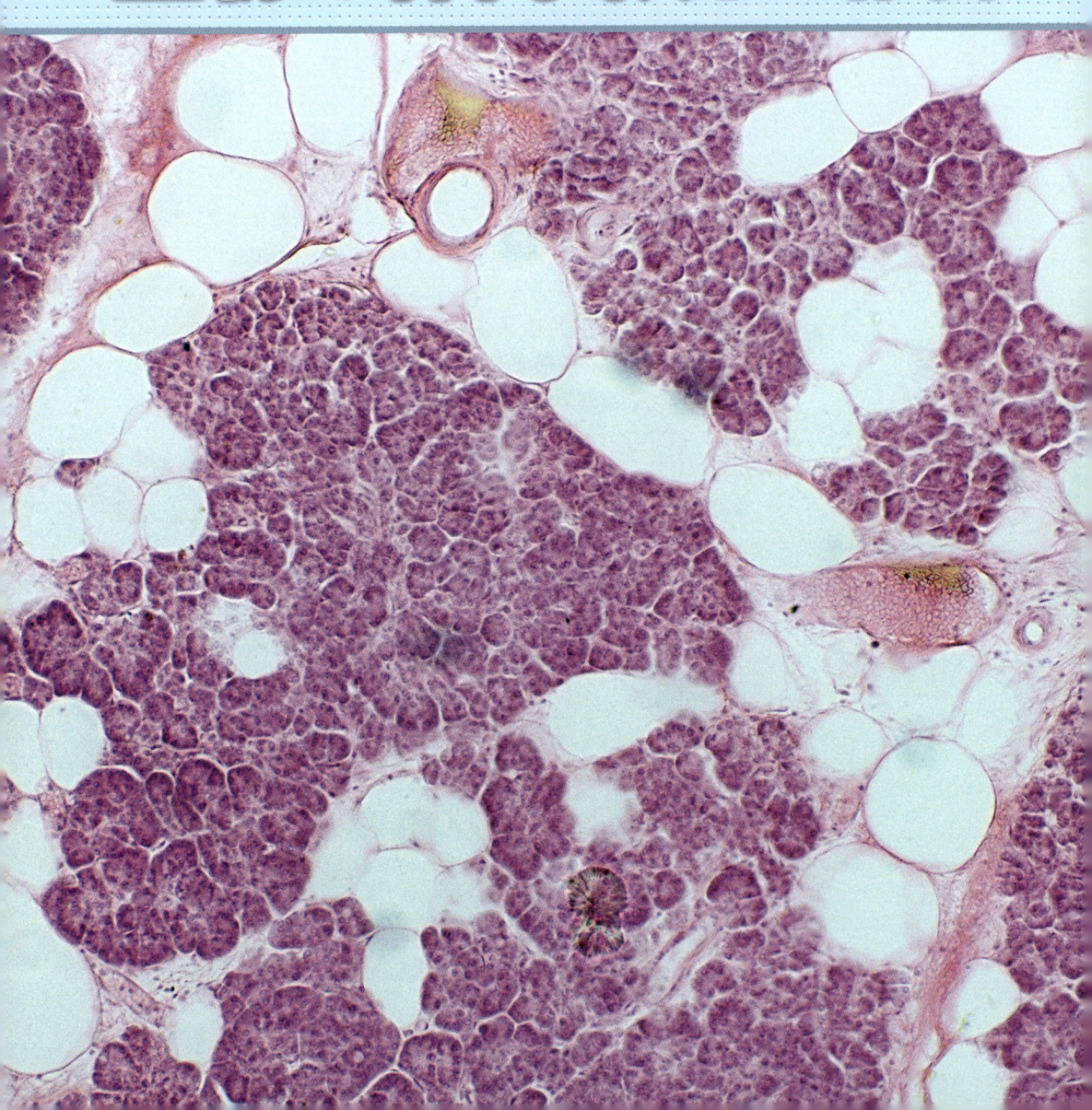

1章 個体の恒常性の維持

1 体内環境と体液

1 環境と恒常性の維持

■ **外部環境** 生物は，気温など，絶えず変化するまわりの環境の影響を受けながら生活している。生物を取りまく環境を**外部環境**という。

■ **体内環境** 多くの多細胞動物では，からだの中にある液体が体内の細胞を取りまいている。この液体を**体液**[*1]といい，体内の細胞にとって一種の環境をつくっている。体液がつくる環境を**体内環境（内部環境）**という。

■ **恒常性の維持** からだのしくみが複雑な多細胞動物になるほど，外部環境の変化の大きさに対して体内の変化をより小さく保とうとするしくみが発達している。これを**恒常性（ホメオスタシス）**という。多細胞動物では，体内環境である**体液の濃度や温度などを調節することによって，恒常性の維持を行っている**。

> **ポイント** **恒常性（ホメオスタシス）**…体内環境をできるだけ一定に保とうとするしくみ。

図1. 変化する外部環境

[*1]. 体液
細胞の外部を取りまく液体なので，**細胞外液**ともいう。

図2. 外部環境と体内環境

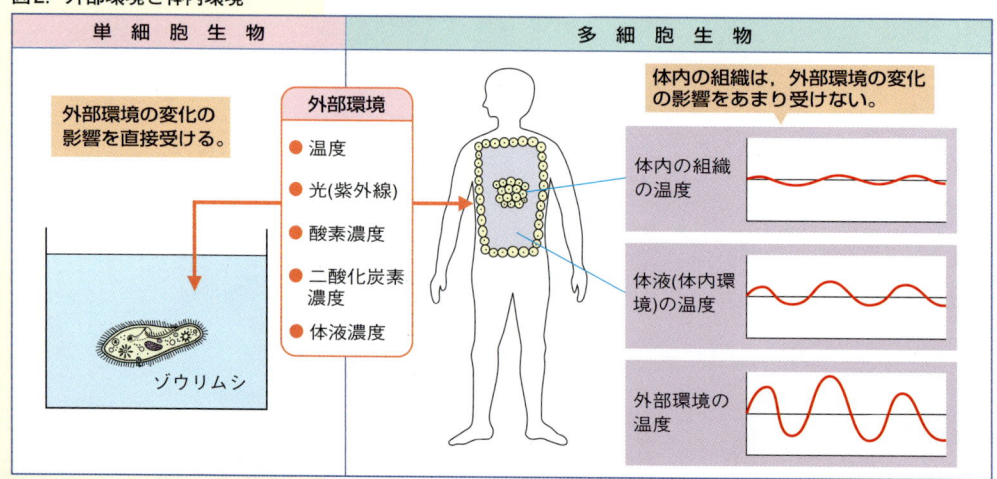

2 体液の種類は？

■ **体液の種類** 脊椎動物の体液は、血管の中を流れる**血液**、血液の液体成分が血管外へしみ出して組織の細胞の間を満たす**組織液**、組織液の一部がリンパ管内に入ってリンパ管内を流れる**リンパ液**の3つに分けられる。

■ **血液** 血液は、細胞（または細胞の破片）である血球（細胞成分または有形成分とも呼ばれる成分）と、液体成分である**血しょう**からできている。血球には、**赤血球、白血球、血小板**の3つがある。

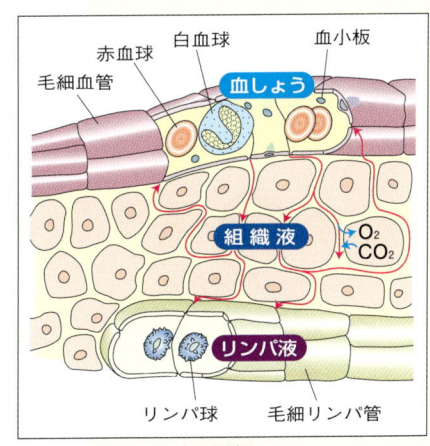

図3. 体液の種類

血球（細胞成分）	名称	1mm³中の数	働き
	赤血球	450万〜500万	**ヘモグロビン**による酸素の運搬。
	白血球	4000〜8500	**食作用**による細菌の捕食。**免疫**。
	血小板	20万〜40万	**血液凝固**に関係。
血しょう（液体成分）			水（約90％），タンパク質（約7％），無機塩類，グルコース（血糖；約0.1％），脂質など

表1. ヒトの血液の成分と働き——血中の白血球の約25％はリンパ球で，免疫反応による生体防御（⇒p.84~87）を担っている。

■ **組織液** 血しょう成分が毛細血管の壁からしみ出したものを**組織液**という。組織液は、細胞や組織の間を満たして、酸素や養分を細胞に与え、二酸化炭素や老廃物を細胞から受け取る。組織液の大部分は毛細血管に再びもどるが、一部はリンパ管に吸収されてリンパ液と混じる。

■ **リンパ液** リンパ管内の液体を**リンパ液**といい、からだの防衛に関係する**リンパ球**という細胞を含んでいる。リンパ管のところどころには**リンパ節**（⇒p.61）があり、体内に侵入した細菌などの除去に働いている。

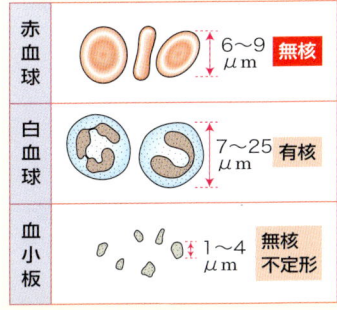

図4. いろいろな血球

赤血球 6〜9μm 無核
白血球 7〜25μm 有核
血小板 1〜4μm 無核 不定形

※2. リンパ液
リンパ液は、細胞成分である**リンパ球**と液体成分である**リンパしょう**から成る。

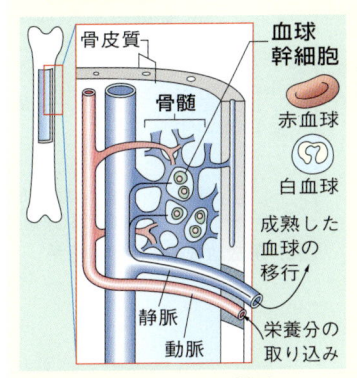

図5. 血液がつくられる場所
赤血球・白血球・血小板などの血球は、すべて、太い骨の中央部の**骨髄**にある血球のもとになる細胞（**造血幹細胞**）からつくられる。

ポイント

体液
- 血液
  - 細胞成分…赤血球，白血球，血小板
  - 液体成分…血しょう ⇒ 水・タンパク質，グルコース，無機塩類などを含む。
- 組織液…細胞や組織の間を満たす。血しょう成分がしみ出たもの。
- リンパ液…リンパ管に吸収された組織液。リンパ球を含む。

1章 個体の恒常性の維持

2 循環系とそのつくり

1 循環系とは何か？

■ 哺乳類や鳥類などの脊椎動物は，**血管系**と**リンパ系**から成る**循環系**をもっている。
①血管系…心臓と血管から成る。
②リンパ系…リンパ管やリンパ節，および胸腺から成る。

2 血管系の発達

■ **血管系の種類** 血液は，血管系を通って体内を循環することにより，酸素や養分などの輸送に働くとともに，いろいろな物質の濃度などを一定に保つことで，恒常性の維持に重要な働きをしている。血管系は，毛細血管がない**開放血管系**と，毛細血管が発達している**閉鎖血管系**とに分けられる。

■ **開放血管系** 節足動物（エビ，バッタなど）や貝類などの多くの無脊椎動物の血管系では，**毛細血管が発達していない**ため，血液は動脈の末端の開口部から組織の細胞の間のすきまに放出され，血液が
「心臓→動脈→組織に放出→静脈→心臓」
の順にめぐる。このような血管系を**開放血管系**という。

■ **閉鎖血管系** 脊椎動物や環形動物（ゴカイ，ミミズなど）の血管系では，**毛細血管が発達している**ため，血液は，
「心臓→動脈→組織の毛細血管→静脈→心臓」
とつながった血管の中を流れて全身をめぐる。血管にはどこにも開口部がないので，このような血管系を**閉鎖血管系**という。閉鎖血管系は，開放血管系よりも循環の能率がよい。

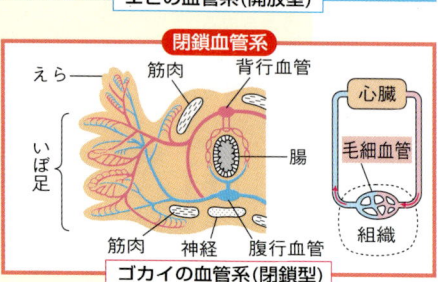

図6．開放血管系と閉鎖血管系
- エビの血管系（開放型）：心臓，動脈，えら，静脈
- ゴカイの血管系（閉鎖型）：えら，筋肉，背行血管，腸，いぼ足，筋肉，神経，腹行血管

「～系」というのは，1つのまとまった関係にあることを表す言葉だよ！

ポイント
開放血管系（無脊椎動物） —〔進化〕毛細血管が発達→ 閉鎖血管系（脊椎動物）

③ ヒトの心臓のつくり

■ 心臓は，にぎりこぶしくらいの大きさの器官で，血液を循環させるポンプである。ヒトの心臓は**2心房2心室**から成り，筋肉でできた4つの部屋をもっている（⇒図7）。心房は血液がもどってくる部屋で，その壁は薄く，心室は血液を押し出す部屋で，その壁は厚い。

④ 心臓の拍動

■ **拍動** 心房が収縮すると，血液は心室に送り込まれ，次に，心室が収縮すると，血液は勢いよく大動脈や肺動脈に押し出される。心臓は，心房と心室のこのような周期的な収縮を規則正しくくり返す。心臓のこの規則正しい運動を**拍動**という。ふつう，1分間に70～80回くらいの割合で拍動し，安静時で，1分間に約5Lの血液を押し出す。

■ **血液の逆流防止** 心室と心房，心室と大動脈や肺動脈の間には，血液の逆流を防ぐための**弁**がついている。

■ **拍動調節** 心臓には自動的に拍動するしくみがある。これを**刺激伝導系**という。刺激伝導系があるため，心臓は，神経から切り離しても拍動を続ける。また，拍動数（心拍数）は自律神経系によっても調節されている（⇒p.74）。

右心房にある**洞房結節**は定期的な興奮を発生させ，心臓全体の拍動ペースをつくるので，**ペースメーカー**と呼ばれている。

■ **血圧** 左心室から送り出された血液は，弾力性に富む動脈の血管壁を押し広げながら動脈内を流れる。このとき，血管を押し広げる圧力を**血圧**という。最も強く押し広げたときを最高血圧，弱いときを最低血圧という。

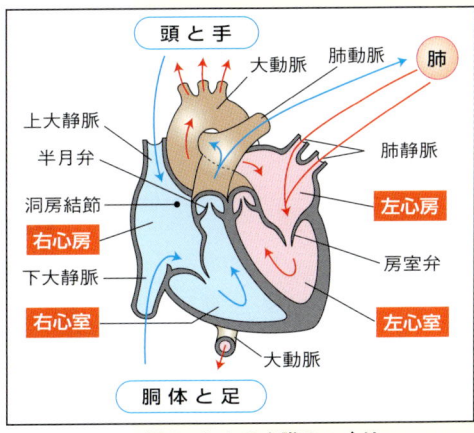

図7. ヒトの心臓のつくり

✿1. 脊椎動物の心臓
同じ脊椎動物でも，心臓のつくりは次のように異なる。
① 魚類…1心房1心室
② 両生類…2心房1心室
③ ハ虫類…2心房1心室（心室内に壁があるが不完全）
④ 鳥類・哺乳類…2心房2心室

> 2心房1心室の心臓だと，肺循環の血液と体循環の血液が混ざるから，2心房2心室の心臓よりも，酸素運搬と二酸化炭素の排出の効率が悪いよ！

図8. 心臓の拍動

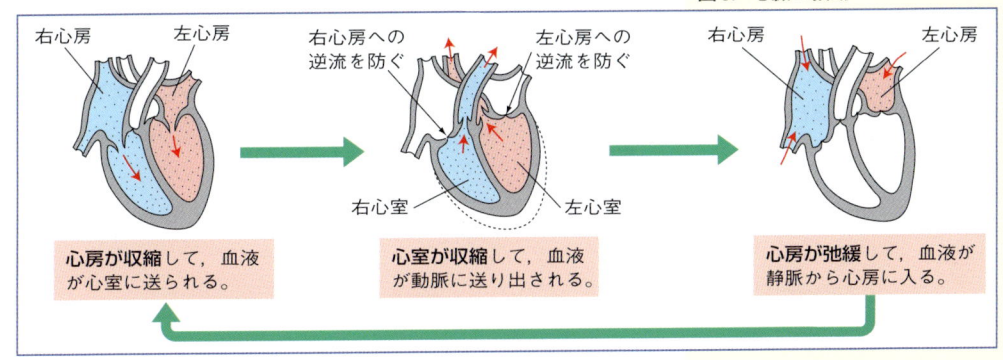

心房が収縮して，血液が心室に送られる。 → 心室が収縮して，血液が動脈に送り出される。 → 心房が弛緩して，血液が静脈から心房に入る。

1章 個体の恒常性の維持

5 血管の種類

脊椎動物の血管系をつくる血管は，**動脈**，**静脈**，**毛細血管**の3つに分けられ，それぞれ次の図9のような特徴をもっている。

静脈には逆流を防ぐための弁がある。

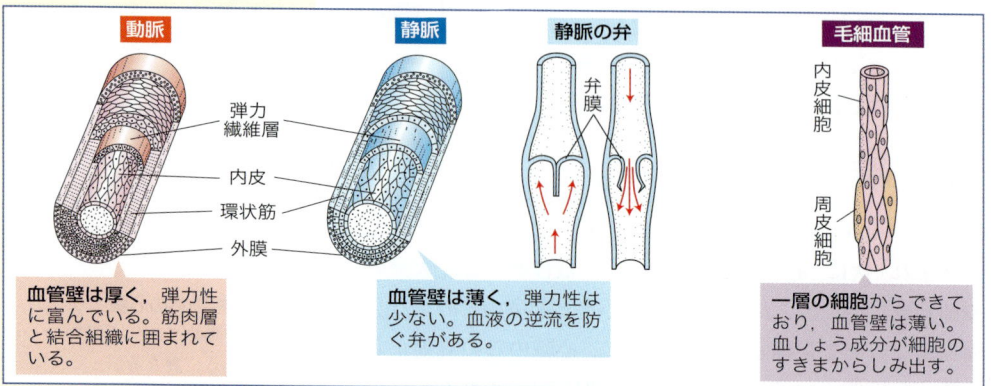

【動脈】 弾力繊維層／内皮／環状筋／外膜
血管壁は厚く，弾力性に富んでいる。筋肉層と結合組織に囲まれている。

【静脈】
血管壁は薄く，弾力性は少ない。血液の逆流を防ぐ弁がある。

【静脈の弁】 弁膜

【毛細血管】 内皮細胞／周皮細胞
一層の細胞からできており，血管壁は薄い。血しょう成分が細胞のすきまからしみ出す。

図9．ヒトの血管のつくり

6 肺循環と体循環のちがい

■ **肺循環と体循環** 肺呼吸をする動物では，血管系が，心臓を中心として，肺に血液を送る**肺循環**と全身の組織に血液を送る**体循環**に分かれている。

〔肺循環〕 肺で酸素を受け取り，二酸化炭素を放出する。

心臓→肺動脈→肺→肺静脈→心臓

〔体循環〕 からだじゅうの組織に酸素や栄養分を渡し，老廃物を受け取る。

心臓→大動脈→全身→大静脈→心臓

■ **動脈血と静脈血** 肺で酸素を受け取り，酸素含有量の多い鮮紅色の血液を**動脈血**といい，組織で酸素を放出して二酸化炭素を受け取り，暗赤色になった血液を**静脈血**という。肺静脈を流れる血液が最も多く酸素を含む。

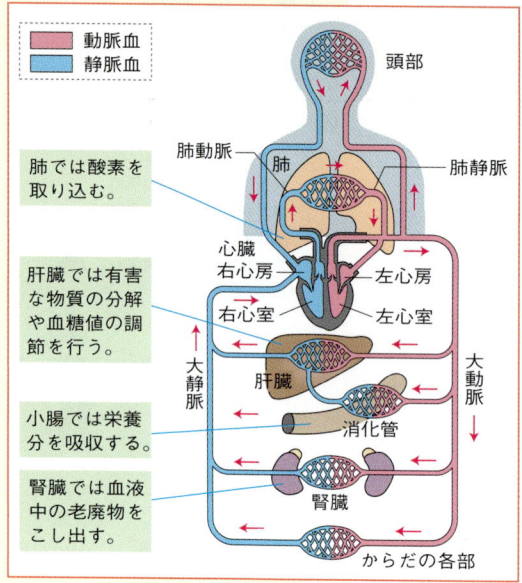

図10．ヒトの肺循環と体循環

動脈血／静脈血
肺では酸素を取り込む。
肝臓では有害な物質の分解や血糖値の調節を行う。
小腸では栄養分を吸収する。
腎臓では血液中の老廃物をこし出す。

頭部／肺動脈／肺／肺静脈／心臓／右心房／左心房／右心室／左心室／大静脈／大動脈／肝臓／消化管／腎臓／からだの各部

肺動脈には静脈血が，肺静脈には動脈血が流れていることに注意！

ポイント

【肺循環】
右心室→肺動脈→肺→肺静脈→左心房

【体循環】
右心房←大静脈←全身←大動脈←左心室

7 ヘモグロビンが酸素を運ぶ

■ **酸素の運搬** 赤血球の成分である**ヘモグロビン**(Hb)は，Fe(鉄)を含む色素タンパク質のヘムをもつので，肺やえらなどの酸素の多い所では，酸素と結合して**酸素ヘモグロビン**(HbO_2)になる。逆に，組織などの酸素の少ない所では，酸素を放出してヘモグロビンにもどる。これを利用して，呼吸器官から組織に酸素が運ばれる。

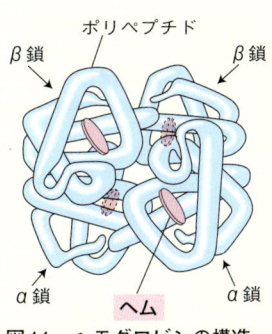

図11. ヘモグロビンの構造

■ **酸素解離曲線** 酸素分圧と酸素ヘモグロビンの割合を示した曲線を**酸素解離曲線**といい，図12のようなS字形をしている。これは，酸素分圧が少し下がっても(100→80)たくさんの酸素をヘモグロビンが受け取り，酸素分圧の低い組織中で多くの酸素を解離するうえでつごうがよく，効率よく酸素を運ぶことができる。

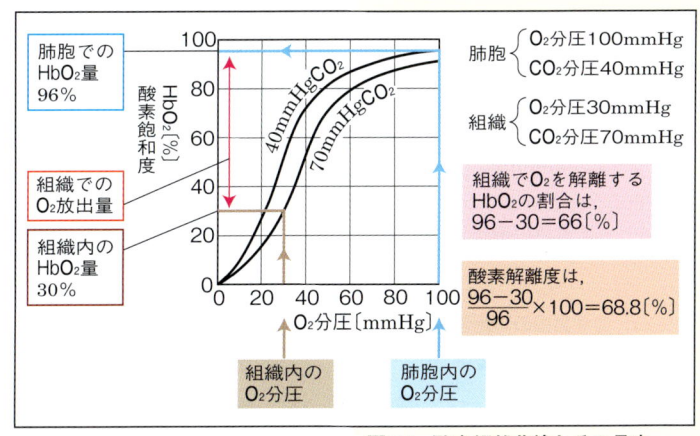

肺胞でのHbO_2量 96%
組織でのO_2放出量
組織内のHbO_2量 30%

肺胞 { O_2分圧100mmHg / CO_2分圧40mmHg }
組織 { O_2分圧30mmHg / CO_2分圧70mmHg }

組織でO_2を解離するHbO_2の割合は，
96－30＝66〔％〕

酸素解離度は，
$\frac{96-30}{96} \times 100 = 68.8$〔％〕

組織内のO_2分圧
肺胞内のO_2分圧

図12. 酸素解離曲線とその見方

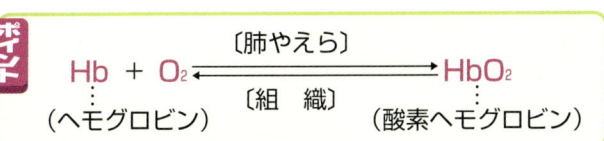

ポイント
Hb ＋ O_2 ⇌ [肺やえら] / [組 織] HbO_2
（ヘモグロビン）　　　（酸素ヘモグロビン）

8 リンパ液が流れるリンパ系

図13. ヒトのリンパ系

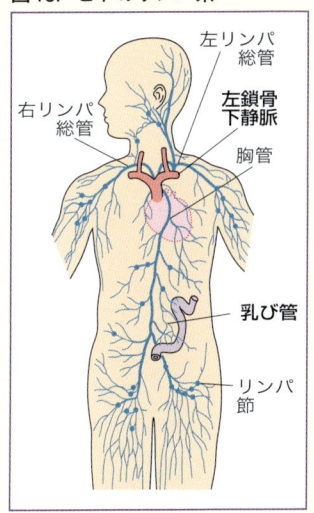

■ **リンパ管** リンパ管の壁は，血管壁より薄く，ところどころに**リンパ球**がたくさん集まった**リンパ節**がある。リンパ管の中を流れるリンパ液の成分は，組織液とほとんど変わらない。リンパ管はしだいに合わさって太いリンパ管となり，心臓の近くの**鎖骨下静脈**で血管系と合流する。

■ **リンパ節のはたらき** リンパ節の中に多く含まれているリンパ球は**免疫**に関係している（⇒p.84）。

■ **脂肪を運ぶリンパ系** 小腸の柔毛(柔突起)で吸収された**脂肪は，柔毛のリンパ管に取り込まれて運ばれる**。

ポイント
リンパ系の働き { リンパ節…免疫に関係。 / リンパ液…脂肪の運搬。 }

1章　個体の恒常性の維持

3 血液の凝固

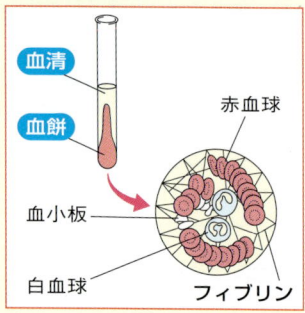

■ 破れた血管から出た血液は直ちに凝固する。血液はどのようなしくみで凝固するのか？

1 血液の凝固

■ **血液の凝固** 血管が傷ついて出血すると，傷が小さい場合には，血液が凝固して出血が止まり，からだを守る。

■ **血液凝固のしくみ** 血液凝固は次のようにして起こる。[1]

① 出血すると，血小板は血液凝固因子を放出する。また，傷ついた組織も凝固に関係する因子を放出する。

② 発展　これらの因子とCa^{2+}などが，血しょう中のプロトロンビンをトロンビン(酵素)に変える。[2]

③ 発展　トロンビンは血しょう中のフィブリノーゲンを繊維状のフィブリンに変化させる。[2]

④ フィブリンが集まった繊維に血球がからんで血餅となり，傷口をふさぐ。

⑤ 血管の傷が血餅によってふさがれている間に，血管は修復される。修復が完了すると，フィブリン溶解(線溶)というしくみが働き，血餅が溶かされて取り除かれる。

図14. 血液の凝固

血液を試験管にとって静かに置いておくと，血液凝固が起こり，赤褐色のべっとりとした固まり(血餅)とうす黄色の液(血清)に分離する。

✪ **1. 血液凝固の防止法**
①クエン酸ナトリウムを加える ➡ Ca^{2+}の除去。
②低温に保つ ➡ 酵素作用の抑制。
③ヘパリンを加える ➡ トロンビンの合成を妨げる。
④ガラス棒でかきまぜる ➡ フィブリンの除去。

✪ **2.** プロトロンビンとフィブリノーゲンは，どちらもタンパク質である。

ポイント　血液凝固のしくみ

血液 ─ 赤血球・白血球
　　 ─ 血小板 → 血液凝固因子
　　 ─ 傷ついた組織からの因子
　　 → トロンビン(酵素)
血しょう ─ プロトロンビン + Ca^{2+}
　　　　 ─ フィブリノーゲン → フィブリン
→ 血球 + フィブリン → 血餅

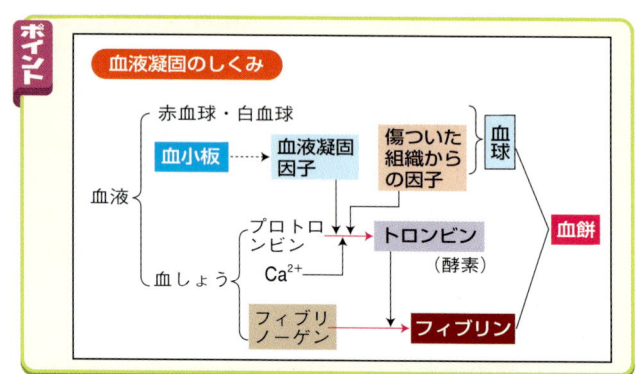

■ **脳梗塞・心筋梗塞** 血餅は，コレステロールがたまって血管の内壁が傷ついたときにもできる。このとき，フィブリン溶解(線溶)が働かないと，血管内に血栓ができて血管がつまり，血液循環が悪くなる。これが脳で起こると脳梗塞，心臓に栄養や酸素を送る冠動脈で起こると心筋梗塞となる。

4 肝臓の働き

■ 肝臓は動物体の化学工場で、いろいろな化学反応を通じて血液中の物質の濃度を調節している。

1 肝臓のつくり

■ **肝臓の基本単位** ヒトの肝臓は、人体最大の臓器で1.2〜2.0kgの重量があり、**肝小葉**と呼ばれる1mm程度の基本単位からなる。肝小葉は約50万個の**肝細胞**が集まってできている。

■ **肝門脈** 小腸などの消化管とひ臓から出た血液は、**肝門脈**を通って肝臓に流れ込む。肝臓では体液の状態に応じていろいろな化学反応を行い、血液中に流れるグルコースやタンパク質の量などを調節し、体内環境を維持している。

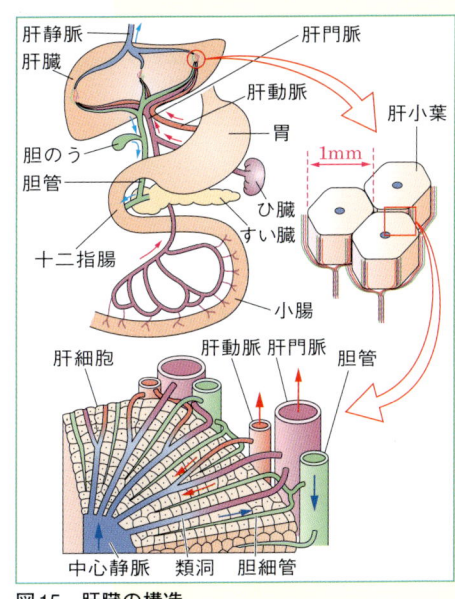

図15. 肝臓の構造

2 肝臓はどんな働きをする?

■ 肝臓には、おもに次の7つの働きがある。

① **栄養分の貯蔵と代謝** 血液中のグルコースを**グリコーゲンに合成**して貯蔵する。また、アミノ酸や脂肪の代謝に働く。

② **胆汁の生成** 脂肪の乳化(脂肪を水中に分散しやすくする作用)に働く**胆汁**を合成する。胆汁は胆のうで濃縮され、十二指腸に分泌される。

③ **赤血球の破壊** 古くなった赤血球を破壊する。赤血球中の**ヘモグロビン**は分解されて**ビリルビン**[1](黄色の色素)ができ、胆汁中に排出される。

④ **尿素の合成** タンパク質やアミノ酸の代謝ででき た**アンモニア**を、毒性の少ない尿素に変える。[2]

⑤ **解毒作用** アルコールなどの**有害物質を分解**する。

⑥ **血液の貯蔵** 心臓から出た血液の $\frac{1}{5}$ が肝臓に流入するのを利用して、**血液の循環量を調節**する。

⑦ **体温の発生** 筋肉に次いで、2番目に**熱を発生**する。

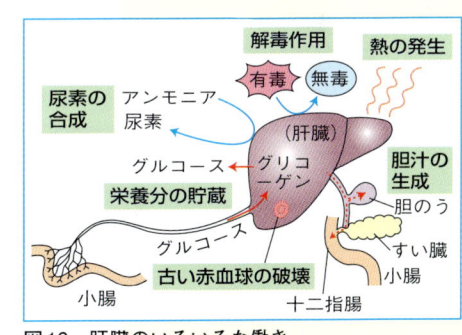

図16. 肝臓のいろいろな働き

✪1. ビリルビン
肝機能が低下して、ビリルビンが体内に過剰に蓄積すると、皮膚や眼が黄色味を帯びる症状が出る。これを**黄疸**という。

✪2. オルニチン回路(尿素回路)
肝臓では、有毒なアンモニアをオルニチンと結合させた後、一連の反応で尿素に合成する。この反応系を**オルニチン回路**という。

> **ポイント** 肝臓の働き:**栄養分と血液の貯蔵、胆汁の生成、赤血球の破壊、尿素の合成、解毒、体温の発生**

1章 個体の恒常性の維持

5 体液の濃度調節

1. 浸透圧 発展

半透膜(⇨p.66)を通して溶媒が移動することを**浸透**といい，浸透を引き起こす力を**浸透圧**という。浸透圧は濃度に比例する。

水は，浸透圧の低い(溶液の濃度が低い)ほうから高い(溶液の濃度が高い)ほうへと浸透する。

1 ゾウリムシの体液濃度の調節

淡水に住むゾウリムシの細胞内の物質の濃度(浸透圧ともいう)は，周囲の淡水よりも高いため，体内につねに水が浸入してくる。そこで，ゾウリムシでは，体内に浸入してくる水を排出する働きをもつ細胞小器官である**収縮胞**が発達している(⇨図17)。

ポイント ゾウリムシ…周囲から入ってくる水を排出するための**収縮胞**をもっている。

図17. ゾウリムシの収縮胞の働き

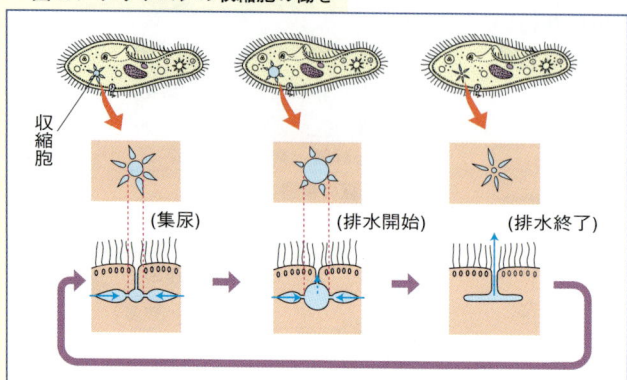

(集尿) → (排水開始) → (排水終了)

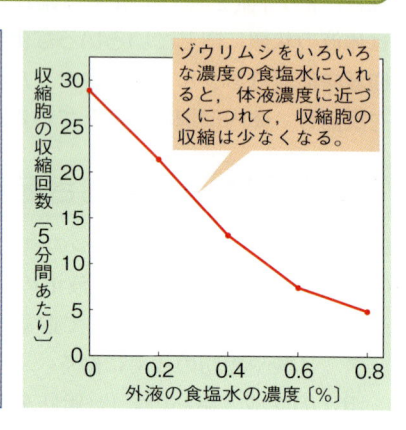

収縮胞

ゾウリムシをいろいろな濃度の食塩水に入れると，体液濃度に近づくにつれて，収縮胞の収縮は少なくなる。

縦軸：収縮胞の収縮回数〔5分間あたり〕
横軸：外液の食塩水の濃度〔％〕

2 カニの体液濃度の調節

タコやカニなど，外洋に住む海産の無脊椎動物では，海水の塩類濃度が安定しているため，あまり体液濃度の調節を行う必要がなく，その能力もない。しかし，磯や河口など，塩類濃度が変化する環境に住むカニなどでは，外界の塩類濃度の変化に対して体液濃度の調節を行うものもいる(⇨図18)。

図18. カニの体液と外液の関係

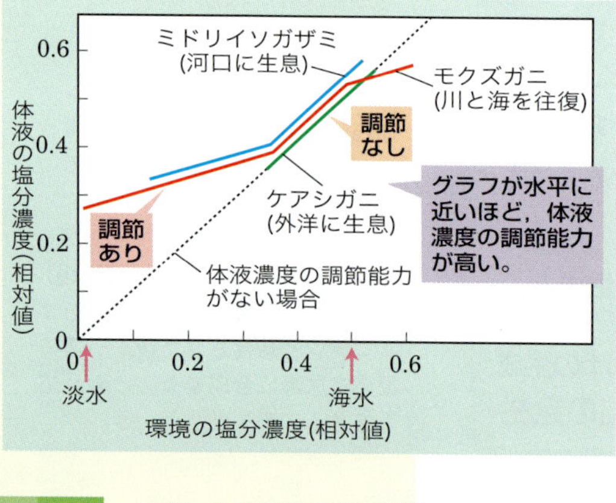

- ミドリイソガザミ(河口に生息)
- モクズガニ(川と海を往復)
- ケアシガニ(外洋に生息)

調節なし / 調節あり

グラフが水平に近いほど，体液濃度の調節能力が高い。

体液濃度の調節能力がない場合

縦軸：体液の塩分濃度(相対値)
横軸：環境の塩分濃度(相対値)
淡水 ← → 海水

ポイント 無脊椎動物の体液濃度の調節…**川と海を往復する動物＞河口付近に住む動物＞外洋に住む動物**の順に調節機能が発達。

3 タイとコイの体液濃度の調節

■ タイなどの海水魚は，体液よりも塩類濃度が高い海水中に生息している。一方，コイなどの淡水魚は，体液よりも塩類濃度が低い淡水中に住んでいる。両者では，体液と外液との間での水の浸透方向が異なるため，体液濃度の調節のしかたも次のようにちがっている。

> 水の浸透方向と，体液濃度を一定に保つためにはどうすればよいかを考えると，わかりやすくなる。

■ **海水魚の体液濃度の調節** タイやマグロなどの海水魚では，体液の塩類濃度が海水よりも低いため，水が体内から流出して，体液濃度が高くなる傾向にある。そこで，次のようなしくみで体液濃度を維持している。

① 水の吸収…多量の海水を飲み，腸から能動輸送❷によって水を体内に吸収している。
② 水の損失を抑制…腎臓での水の再吸収(⇒p.67)を促進し，体液と等濃度の尿を少量排出する。
③ 塩類の排出…えらの塩類細胞から，能動輸送で塩類を排出。腎臓からも排出。

■ **淡水魚の体液濃度の調節** フナやコイなどの淡水魚では，体液の塩類濃度が淡水よりも高いため，体内に水が浸入して，体液濃度が低くなる傾向にある。そこで，次のようなしくみで体液濃度を維持している。

① 水の排出…腎臓での塩類の再吸収を促進し，体液より低濃度の薄い尿を多量に排出し，水をできるだけ体外へ出す。
② 塩類の吸収…えらの塩類細胞から，塩類を能動輸送によって吸収する。また，食物に含まれる塩類を腸から能動輸送によって吸収する。

海水魚（海産硬骨魚類） 体液のほうが低濃度であるため多量の水が出ていく。
水／水／水／海水／えら／腎臓／塩類／腸／塩類排出／水分吸収／体液と等濃度の尿を少量排出

淡水魚（淡水産硬骨魚類） 体液のほうが高濃度であるため多量の水が入ってくる。
水／水／水／腎臓／塩類／腸／塩類吸収／塩類吸収／体液より低濃度の尿を多量排出

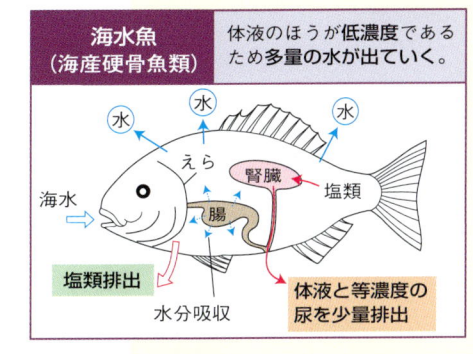

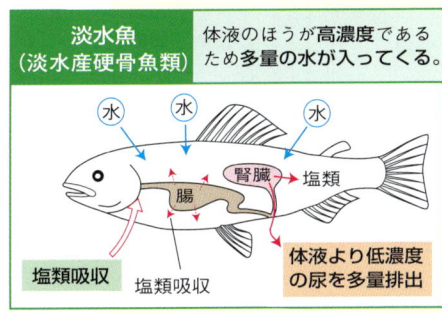

図19．硬骨魚類の浸透圧調節

❷ **2. 能動輸送** 発展
ATPのエネルギーを使用して，積極的に行う物質の移動を**能動輸送**という。

ポイント

	濃度の関係	水の移動方向	体液濃度の調節		
			水の取り込み	えらの**塩類細胞**	腎臓
海水魚	体液 ∧ 海水	体内 → 外界	海水を多量に飲み，腸から吸収。	塩類を能動的に**排出**する。	水の再吸収。**体液と等濃度**の尿を少量排出。
淡水魚	体液 ∨ 淡水	体内 ↑ 外界	水は飲まない。	塩類を能動的に**吸収**する。	塩類を再吸収。体液より**低濃度**の尿を**多量**排出。

6 腎臓の働き

腎臓は，血液中の尿素を除去するとともに，血液中の水やイオンなどの量を調節する臓器である。

1 ヒトの腎臓のつくり

■ **腎臓の形と位置** ヒトの腎臓は，ソラマメ形をしたこぶし大の大きさの器官で，腰の上の背側に左右1対ある。

■ **腎臓のつくり** 腎臓の内部は，**皮質・髄質・腎う**に分かれている。皮質には**腎単位(ネフロン)**という腎臓を構成する基本単位が無数にある(片側の腎臓に約100万個)。

❂1. 細尿管は，腎細管とも呼ばれる。

❂2. 半透膜 発展
溶媒や一部の溶質は通すが，他の粒子は通さない性質をもつ膜を**半透膜**という。

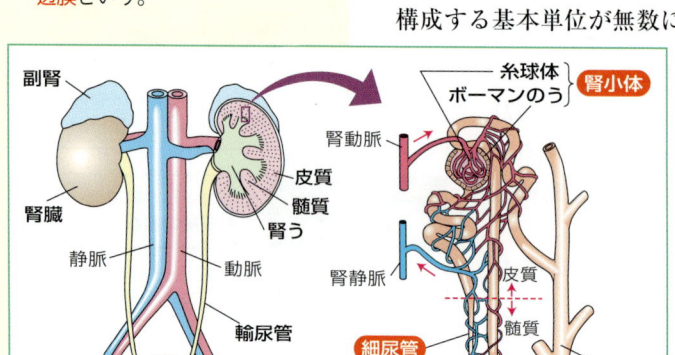

■ **腎単位** 1個の腎単位は，**腎小体(マルピーギ小体)**[1]と**細尿管**[1]から成る。また，腎小体は，毛細血管が集まって糸玉状になった**糸球体**と，これを包む**ボーマンのう**からできている。ボーマンのうは**半透膜**[2]でできている。糸球体をつくる毛細血管は，ボーマンのうを出て細尿管に巻きついた後，集まって腎静脈につながる。

図20. ヒトの腎臓のつくり

2 尿のでき方

腎臓では，次のように尿がつくられる。

① **ろ過** 腎動脈から腎臓へと送り込まれる血液の量は，1日に約1500Lであるが，その血液中の**血球やタンパク質を除く液体成分の約10%**が，糸球体からボーマンのうへと**ろ過**されて**原尿**となる(原尿は1日に約150Lできる)。原尿中には，水，グルコース，無機塩類，**尿素**などが含まれている。

(注)腎臓の機能が正常な場合は，原尿にはタンパク質や血球は含まれない。

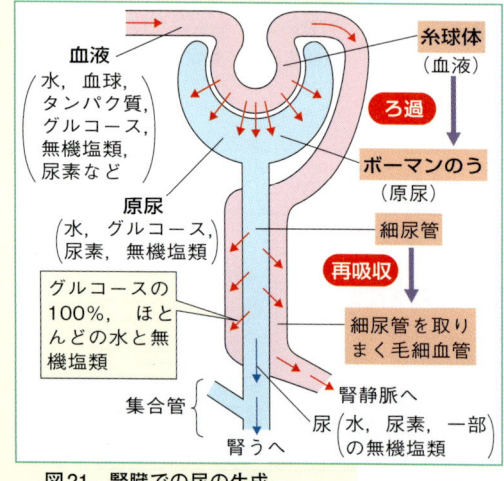

図21. 腎臓での尿の生成

2編 生物の体内環境の維持

②**再吸収** 原尿が細尿管を流れる間に，細尿管のまわりを取りまく毛細血管に，すべてのグルコース，大部分の水と無機塩類などが**再吸収**されて，原尿は濃縮され，**尿**となる。

（注1） 水の再吸収は，脳下垂体後葉から分泌されるバソプレシンというホルモン（⇨p.76, 77）によって促進される。

（注2） Na^+（ナトリウムイオン）の再吸収は，副腎皮質から分泌される鉱質コルチコイドというホルモン（⇨p.76, 77）によって促進される。

ボーマンのうの"のう"は，「中に物を入れる袋（嚢）」という意味だよ。

■ **尿** 尿は1日約1.5Lつくられる。その中には，水と尿素，無機塩類の一部が含まれている。尿は，集合管→腎う→輸尿管→ぼうこう→尿道を通って体外に排出される。

ポイント
〔腎臓での尿の生成〕
① 糸球体—（**ろ過**）→
　　ボーマンのう…血液⇨原尿
② 細尿管—（**再吸収**）→
　　毛細血管…原尿⇨尿

成 分	血しょう a〔%〕	原 尿〔%〕	尿 b〔%〕	濃縮率（b÷a）
水	90〜93	99	95	—
タンパク質	7.2	0	0	0
グルコース	0.1	0.1	0	0
尿素	0.03	0.03	2	67
尿酸	0.004	0.004	0.05	13
クレアチニン	0.001	0.001	0.075	75
Na^+	0.3	0.3	0.35	1
Cl^-	0.37	0.37	0.6	2
K^+	0.02	0.02	0.15	8
Ca^{2+}	0.008	0.008	0.015	2
NH_4^+	0.001	0.001	0.04	40
SO_4^{2-}	0.003	0.003	0.18	60

表2. ヒトの血液（血しょう），原尿，尿の成分

■ **濃縮率** ある物質の尿中の濃度を血しょう中の濃度で割ったものを**濃縮率**[3]という。

$$濃縮率 = \frac{尿中の濃度}{血しょう中の濃度}$$

■ **腎機能障害** タンパク質は，健常者では糸球体からボーマンのうにろ過されないため，原尿中や尿中の量は0となる。したがって，**尿からタンパク質が検出される場合には，腎臓の機能障害**が疑われる。

■ **糖尿病** グルコースは，糸球体からボーマンのうにろ過されるが，**健常者では細尿管で100%再吸収される**ため，**尿中に排出されることはない**。しかし，血液中のグルコース濃度が高すぎると，再吸収しきれずに尿中に排出されて**糖尿**となる。

■ **体液濃度の調節と腎臓・肝臓の役割** 腎臓は**水やイオン**などの**ろ過**や**再吸収**を調節して，体液中の濃度をきめ細かに調節している。一方，肝臓は**タンパク質や糖類**などを**合成・分解**することで，血中の濃度を調節している。

✿**3. 濃縮率**

濃縮率を調べるために，ゴボウなどの植物がつくる多糖類である**イヌリン**が用いられる。イヌリンを静脈に注射すると，糸球体からボーマンのうにろ過されるが，細尿管などで再吸収されることなく尿中にすべて排出される。そのためイヌリンの濃縮率から原尿の量や，他の物質が再吸収されているかどうかなどを調べることができる。イヌリンの血しょう中の濃度を0.1%とすると，およそ次のようになる。

	イヌリン濃度
血しょう中	0.1%
原尿中	0.1%
尿 中	12%

$$濃縮率 = \frac{12}{0.1} = 120$$

1章 個体の恒常性の維持

重要実験 魚類の血流と血球の観察

> ギムザ液は3種類の染色液の混合液で、血球を染め分けることができるよ。

方法

[実験1] 魚類の血流の観察
1. メダカやキンギョなどの小形の魚類のからだを、尾の端の部分だけが出るようにしてぬれたガーゼで包む。
2. これをスライドガラスの上に置き、ガーゼからはみ出た尾の先の部分を、顕微鏡を使って60倍程度の低倍率で観察する。毛細血管を流れる血流が観察できたら、血流の流れの向きも調べる。

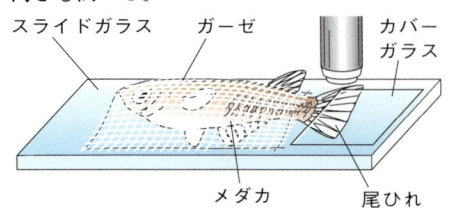

[実験2] 魚類の血球の観察
1. 小型の注射器に0.4％食塩水（0.1％クエン酸ナトリウムを加えたもの）を$\frac{1}{5}$量入れ、先が細い針をつける。
2. 腹部のえらぶたの合わさった部分に魚類の心臓があるので、鼓動のある部分を確認して注射器を刺し、注射器のピストンを引いて採血する。
3. 2の血液をスライドガラスに数滴のせてギムザ液で染色して（メタノールで固定してからギムザ液で15～30分間染色し、余分なギムザ液を洗い落として、乾燥させて）から、検鏡する。
4. マイクロメーターを使って、血球の大きさを測定する。

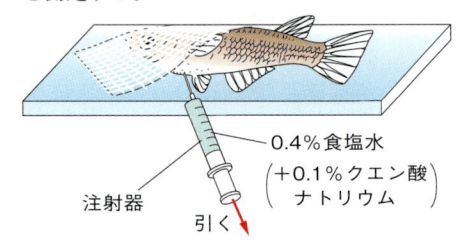

結果

[実験1] ●尾の先に向かって流れる血流が見られる毛細血管と、尾の先からもどってくる血流が見られる毛細血管が観察された。

[実験2] ●楕円形で赤色をした有核の赤血球が観察された。赤血球の大きさは約10～15 μm であった。

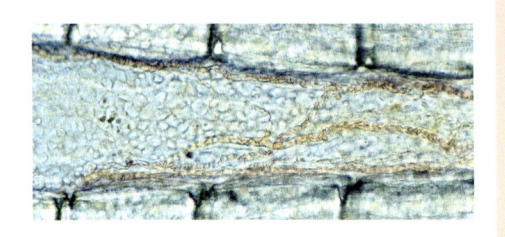

考察

1. 観察の結果から、魚類の循環系は開放血管系と閉鎖血管系のどちらであるとわかったか。
→ 尾の先端に向かう血流と、もどる血流の毛細血管があることから、閉鎖血管系と考えられる。

2. 魚の頭を左に向けて顕微鏡で観察したとき、右から左に向かって血液が流れて見えるのは、動脈か、静脈か。
→ 顕微鏡では上下左右が反対に見えるので、実際には左（頭の側）から右（尾の側）に流れる血液で、動脈である。

3. 魚類の赤血球とヒトの赤血球の相違点はあったか。
→ ヒトの赤血球は無核で直径約7.5 μm であるが、魚類の赤血球は大形で有核であった。

テスト直前チェック　定期テストにかならず役立つ！

1. ☐ 外界の変化に対して体内の変化をより少なく保とうとするしくみを何という？
2. ☐ 外部環境に対して，多細胞生物の体液を何という？
3. ☐ 脊椎動物の体液を3つに大別すると，何と何と何か？
4. ☐ 血液中に含まれる3種類の血球(有形成分)を何という？
5. ☐ 血液の液体成分を何という？
6. ☐ 血液がつくられる，太い骨の中央部を何という？
7. ☐ 脊椎動物がもつ2つの循環系は何と何か？
8. ☐ 脊椎動物などがもつ，心臓→動脈→毛細血管→静脈→心臓と続く血管系を何という？
9. ☐ 鳥類や哺乳類の心臓には，心房と心室がそれぞれいくつあるか？
10. ☐ 心臓の右心室→肺動脈→肺→肺静脈→左心房と続く循環経路を何という？
11. ☐ 肺で酸素を受け取った後の酸素含有量の多い鮮紅色の血液を何という？
12. ☐ 赤血球の成分で酸素の運搬に関係するタンパク質は何か？
13. ☐ 血管が傷ついたとき，血液凝固因子を放出する血球成分は何か？
14. ☐ 血球成分がフィブリンの繊維にからめとられてできた固まりを何という？
15. ☐ 傷ついた血管の修復が完了したとき，14の固まりを溶かすしくみを何という？
16. ☐ 約50万個の肝細胞が集まってできた，肝臓の基本単位を何という？
17. ☐ 小腸などの消化管やひ臓から出た血液は，何という血管を通って肝臓に流れ込むか？
18. ☐ 肝臓でグルコースを貯蔵するときには何という物質になるか？
19. ☐ 肝臓で古い赤血球を破壊するとき，ヘモグロビンからできる黄色の色素は何か？
20. ☐ 体液濃度を調節するために体外の水を多量に飲むのは，淡水魚か，海水魚か？
21. ☐ ヒトの腎臓を構成する基本単位を何という？
22. ☐ 腎小体を構成するのは，ボーマンのうと何か？
23. ☐ 腎小体の内部で，ボーマンのうへ濾過された液体を何という？

解答

1. 恒常性（ホメオスタシス）
2. 体内環境（内部環境）
3. 血液, 組織液, リンパ液
4. 赤血球, 白血球, 血小板
5. 血しょう
6. 骨髄
7. 血管系, リンパ系
8. 閉鎖血管系
9. 心房：2つ, 心室：2つ
10. 肺循環
11. 動脈血
12. ヘモグロビン
13. 血小板
14. 血餅
15. フィブリン溶解（線溶）
16. 肝小葉
17. 肝門脈
18. グリコーゲン
19. ビリルビン
20. 海水魚
21. 腎単位（ネフロン）
22. 糸球体
23. 原尿

定期テスト予想問題　解答→p.135~136

1 体液

脊椎動物の体液について，各問いに答えよ。
(1) 次の体液の名称をそれぞれ答えよ。
　① 血管内を流れる体液
　② リンパ管内を流れる体液
　③ 組織の細胞の間を満たしている体液
(2) 体液がつくる環境を何というか。
(3) 体液の濃度や温度などを一定に保とうとするしくみを何というか。

2 血液の成分

次の①~④の文は，ヒトの血液成分について説明したものである。各問いに答えよ。
　① 体内に入った細菌などを食作用で捕食するなどして，からだを防衛する。
　② 直径約7.5μm の核のない細胞で，ヘモグロビンを含み，酸素の運搬に働く。
　③ 毛細血管からしみ出して組織液となり，一部はリンパ管に吸収されてリンパ液となる。
　④ 出血時に，ある因子を放出して血液を凝固させる働きをもつ。
(1) ①~④の説明に該当する血液成分として適当なものを，次のア~エからそれぞれ選べ。
　ア 赤血球
　イ 白血球
　ウ 血小板
　エ 血しょう
(2) ①~④で説明した血液成分について，血液1mm³中の数として適当なものを，次のa~dからそれぞれ選べ。ただし，液体成分であるものについてはeを選べ。
　a 4000~8500個
　b 5万~6万個
　c 20万~40万個
　d 450万~500万個
　e －

3 ヒトの心臓

右の図は，ヒトの心臓のつくりを示したものである。各問いに答えよ。 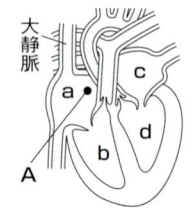
(1) 図中のa~dの部分の名称を，それぞれ答えよ。
(2) 図中のaが収縮したときに起こることを，次のア~エからすべて選べ。
　ア aに血液が入る。
　イ aから血液が送り出される。
　ウ bに血液が入る。
　エ bから血液が送り出される。
(3) 全身に血液を送り出す部分を，図中のa~dから選べ。
(4) 心臓の拍動のリズムを自動的につくっている図中のAの部分の名称を答えよ。
(5) ヒト，カエルの心臓のつくりを，次のア~エからそれぞれ選べ。
　ア 1心房1心室　　イ 2心房1心室
　ウ 1心房2心室　　エ 2心房2心室
(6) 図中のdが収縮したとき，動脈の血管壁を押し広げながら血液は流れる。このとき，血管を押し広げる圧力を何というか。

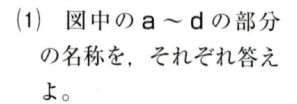

4 ヒトの血液循環

下の図は，ヒトの血液循環を，心臓を中心として模式的に示したものである。各問いに答えよ。
(①，④，⑤，⑧は心臓に接続する血管)

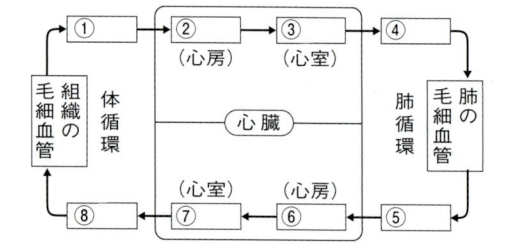

(1) 図の①~⑧にあてはまる名称を記せ。

70　2編　生物の体内環境の維持

(2) 次のa～cにあてはまるものを，図の①～⑧からすべて選び，番号で答えよ。
  a 動脈血が流れている。
  b 静脈血が流れている。
  c 酸素ヘモグロビンの濃度が最も高い血液が流れている。

5 酸素分圧とヘモグロビン

下の図は，ヒトのヘモグロビンにおける酸素飽和度と酸素分圧の関係を示したものである。平地でのヒトの肺と全身の組織の酸素分圧と二酸化炭素分圧を測定したところ，
　肺胞(肺組織)の酸素分圧 100 mmHg,
　　肺胞の二酸化炭素分圧 30 mmHg,
　　組織の酸素分圧 30 mmHg,
　　組織の二酸化炭素分圧 60 mmHg
であった。各問いに答えよ。

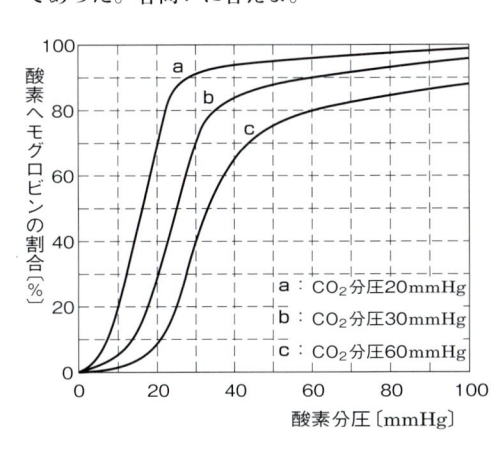

（グラフ：縦軸 酸素ヘモグロビンの割合[%]，横軸 酸素分圧[mmHg]，曲線a,b,c）
　a：CO_2分圧20mmHg
　b：CO_2分圧30mmHg
　c：CO_2分圧60mmHg

(1) 肺の組織(肺胞)では，ヘモグロビンの何%が酸素ヘモグロビンとなっているか。
(2) 肺以外の全身の組織では，ヘモグロビンの何%が酸素ヘモグロビンとなっているか。
(3) 血液が肺と組織を1往復したとき，組織で酸素を放出する酸素ヘモグロビンの割合は肺胞での酸素ヘモグロビンの何%か。
(4) 高山に登ったとき，肺胞の酸素分圧は 60 mmHg，二酸化炭素分圧は 30 mmHg であった。また，組織では酸素分圧，二酸化炭素分圧ともに平地と同じであった。組織で酸素を放出する酸素ヘモグロビンの割合は肺胞での酸素ヘモグロビンの何%か。

6 血液凝固のしくみ 発展

次の文の(　)に適当な語句を記入せよ。
　血液が血管の外に出ると，血球の一種である①(　　)から血液凝固因子が放出され，血液中の②(　　)イオンなどとともに働き，血しょう中のプロトロンビンを酵素である③(　　)に変化させる。この酵素の働きで，血しょう中の液体状のタンパク質であるフィブリノーゲンが，繊維状のタンパク質である④(　　)に変化する。この④の繊維に，赤血球，白血球などがからまって⑤(　　)ができて，血液が凝固する。

7 肝臓のはたらき

肝臓の構造と働きに関する次の各問いに答えよ。
(1) 肝臓を構成する単位は何か。
(2) (1)の単位をつくる細胞を何というか。
(3) 次の①～⑧のうち，肝臓の働きでないものをすべて選べ。
　① 尿素の生成
　② 血液の貯蔵と血液の循環量の調節
　③ ATPの合成
　④ 解毒作用
　⑤ グリコーゲンの合成と分解
　⑥ 尿の生成
　⑦ 血液中の塩類濃度の調節
　⑧ 体温の発生
(4) 赤血球の成分を肝臓やひ臓で分解したとき生成する黄色の色素は何か。
(5) (4)が成分となってできる，消化に関与する液は何か。

1章 個体の恒常性の維持　71

8 カニの体液濃度の調節

次の図は，3種類のカニをいろいろな濃度の塩類溶液に浸し，一定時間後にカニの体液の塩分濃度を測定してその結果をまとめたものである。

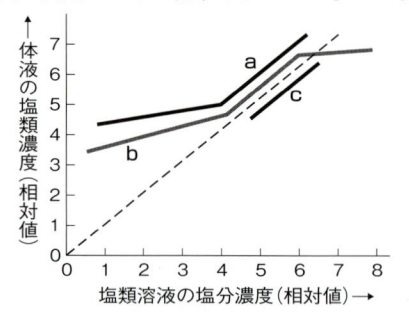

(1) 次の①～③は，a～cのどのカニについて説明したものか。
① 比較的低い塩類濃度の海域では，体液濃度の調節のしくみをもっているが，高い塩類濃度の海域では調節する能力がない。
② 体液濃度の調節の能力がない。
③ 広範囲の塩類濃度の変化に対して，体液濃度の調節のしくみをもっている。

(2) 川と海を往復するモクズガニは，a～cのどのカニだといえるか。

9 魚類の体液濃度の調節

魚類の体液濃度の調節のしくみを説明した次の文の（　）に適当な語句を記入せよ。
　コイなどの淡水魚では，外界よりも体液濃度が①（　）く，体内に水が入り込んで体液が薄まる傾向にある。このため，体液より濃度が②（　）い尿を大量にして水を排出するとともに，えらにある特殊な細胞を通して，淡水中の③（　）を積極的に取り入れて体液濃度を維持している。また，食物に含まれる③（　）を腸から積極的に取り入れている。
　一方，タイなどの海水魚は外界よりも体液濃度が④（　）く，体内の水が流出して体液が濃くなる傾向にある。そこで，⑤（　）と濃度が等しい尿を少量排出して水の損失を抑制するとともに，えらにある特殊な細胞を通して海水中へ⑥（　）を排出している。また，海水を多量に飲んで，腸から⑦（　）を積極的に取り入れて体液濃度を維持している。

10 腎臓の構造と機能

次の図は，ヒトの腎臓の単位を模式的に表したものである。各問いに答えよ。

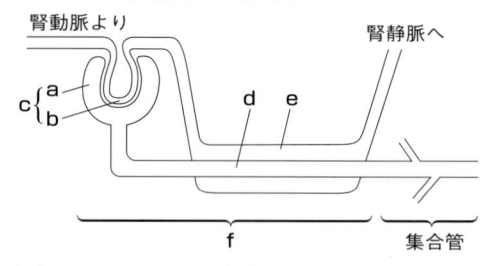

(1) a～fの部分の名称を，それぞれ答えよ。
(2) 血液中の成分のろ過は，どこで行われるか。a～fの記号で，a→eのように示せ。
(3) 原尿からの再吸収は，どこで行われるか。(2)と同様に示せ。
(4) 次の表は，ヒトの血しょう，原尿，尿の成分（単位はmg/mL）を示したものである。表中のイヌリンは，再吸収されない多糖類である。

成　分	血しょう	原　尿	尿
X	80	0	0
Y	1	1	0
尿　素	0.3	0.3	20
イヌリン	1	1	120

① 物質X，Yの名称を，それぞれ答えよ。
② 物質X，Yが尿中には存在しない理由を，それぞれ説明せよ。
③ 尿素の濃縮率を求めよ。ただし，濃縮率は，尿中の濃度÷血しょう中の濃度で示される。
④ 10 mLの尿がつくられたとき，ろ過された血しょうは何mLか。
⑤ ④のとき，腎臓で再吸収された尿素の量は何mgか。

ホッとタイム

輸血と血液型の話

◎ここにあげた血液の話は、テストには出ないかもしれないが、知っていたらいつか何かの役に立つかもしれない。

● **輸血の歴史** 古代の人々は、動物の血液には不思議な力があり、神秘的なものと信じていた。だから生贄の血を神に供えたり、戦いの前にからだに血を塗ったり、豊作を願って畑に血をまいたりしていた。

1616年、ハーベイ（ハーヴィ）は血液の循環を観察して「血液の体内循環論」を発表した。
1667年、ドニは、貧血と高熱の青年に子羊の血液の輸血を行った。輸血の直後は、青年は顕著な回復を見せたが、死んでしまった。このようなことがあったため、ローマ法王庁からは輸血禁止令が出され、その後長い間、ヨーロッパでは輸血は行われなくなった。

1818年、イギリスの産科医ブレンデルは、出産時の出血で死に瀕した女性に輸血を行い、その命を救った。これが契機となって人から人への輸血が行われるようになったが、血液型を考慮しないままの輸血であったため、輸血による死亡事故などが多発した。

● **血液型の発見** 1900年、オーストラリアの医学者カール・ラントシュタイナーによりABO式血液型が発見された。その結果、図1のような流れの輸血では、血液凝固がわずかしか起こらないため命に別状がなく、輸血がかなり安全に行えるようになった。しかし、現在では、輸血は必ず同じ血液型の人どうしで行っている。

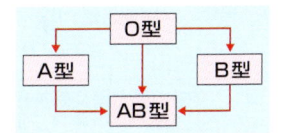

図1. 血しょう適合チャート
矢印の方向へは輸血できる。

● **ABO式血液型** ラントシュタイナーは、赤血球にはA、Bの2種類の凝集原（抗原）、血清中にはα、βの2種類の凝集素（抗体）があり、Aとα、Bとβが混ざると赤血球どうしが凝集することを突きとめた。

血液型	A型	B型	AB型	O型
凝集原（赤血球）	A	B	AとB	なし
凝集素（血しょう中）	β	α	なし	αとβ

表1. ABO式血液型の凝集原と凝集素

ABO式血液型と凝集原、凝集素の関係は表1のようになる。
A型の血液をO型の人に輸血した場合、赤血球表面にあるA凝集原がO型の人の凝集素αと反応するため赤血球の凝集が強く起こる。しかし、O型の人の血液をA型の人に少量輸血した場合、O型の凝集素αはA型の多量の血液に薄められてしまってA型の赤血球とO型の血液中のα凝集素による凝集はごくわずかで命を落とすことは少ない。

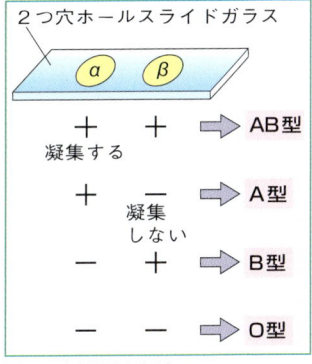

図2. 血液型の判定

● **血液型の判定** ABO式血液型の判定は、2つ穴ホールスライドガラスの一方に凝集素α、他方にβを入れ、ここで血液を混ぜて凝集反応の有無を調べて行う（図2）。

1章 個体の恒常性の維持

2章 体内環境の調節と免疫

1 自律神経系

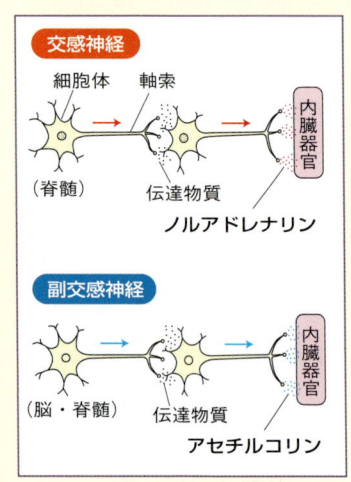

神経の中で，無意識のうちに働く神経系を**自律神経系**という。自律神経系には，**交感神経**と**副交感神経**がある。

1 無意識のうちに働く神経系

興奮したり緊張したりすると，無意識のうちに心臓の拍動（心拍）が激しくなって血圧が上がり，呼吸も早くなる。これらの働きを調節しているのが**自律神経系**である。

■ **自律神経系** 自律神経系は末梢神経系の一部で，内臓や分泌腺などに分布して，それらの働きを意思とは関係なく支配している。**交感神経**と**副交感神経**がある。

■ **交感神経と副交感神経** 交感神経は興奮時や緊張時に働き，副交感神経はリラックス時に働く。このように交感神経と副交感神経は，互いに拮抗的に働く場合が多い。この2つの神経の働きをまとめると次のようになる。

図1. 交感神経と副交感神経
- 交感神経：細胞体─軸索─（脊髄）→伝達物質 ノルアドレナリン→内臓器官
- 副交感神経：（脳・脊髄）→伝達物質 アセチルコリン→内臓器官

	働くとき	働き	分布
交感神経	興奮時や緊張時	心拍や呼吸の促進・消化器官の働きの抑制	脊髄の胸髄と腰髄から出て，交感神経節を経由し，各器官に分布
副交感神経	安静時（リラックス時）	心拍の抑制・消化器官の働きの促進	中脳から出る動眼神経，仙髄から出る仙椎神経，延髄から出る迷走神経などから各器官に分布

表1. 自律神経系の働きと分布

ポイント
自律神経系 ─ **交感神経**…興奮時・緊張時に働く。
　　　　　 └ **副交感神経**…安静時に働く。

★1. 神経伝達物質の発見 [発展]
ドイツの**レーウィ**は，カエルの心臓AとBをつないでカエルの体液に近い溶液を流し，心臓Aにつないだ副交感神経を刺激すると，心臓Bも遅れて拍動が抑制されることを発見した。レーウィは，これが神経の末端から分泌された化学物質によると考えた。これが，**神経伝達物質**と名付けられた。

2 自律神経系の指令塔は？

■ **自律神経系の中枢** 自律神経系の中枢は，中脳，延髄，脊髄にあって，**間脳の視床下部**が統合中枢として働く。

■ **神経伝達物質** [発展] 自律神経の末端からは**神経伝達物質**が分泌されて各器官に作用している。交感神経の末端からは**ノルアドレナリン**が，副交感神経の末端からは**アセチルコリン**が分泌される（図1）。

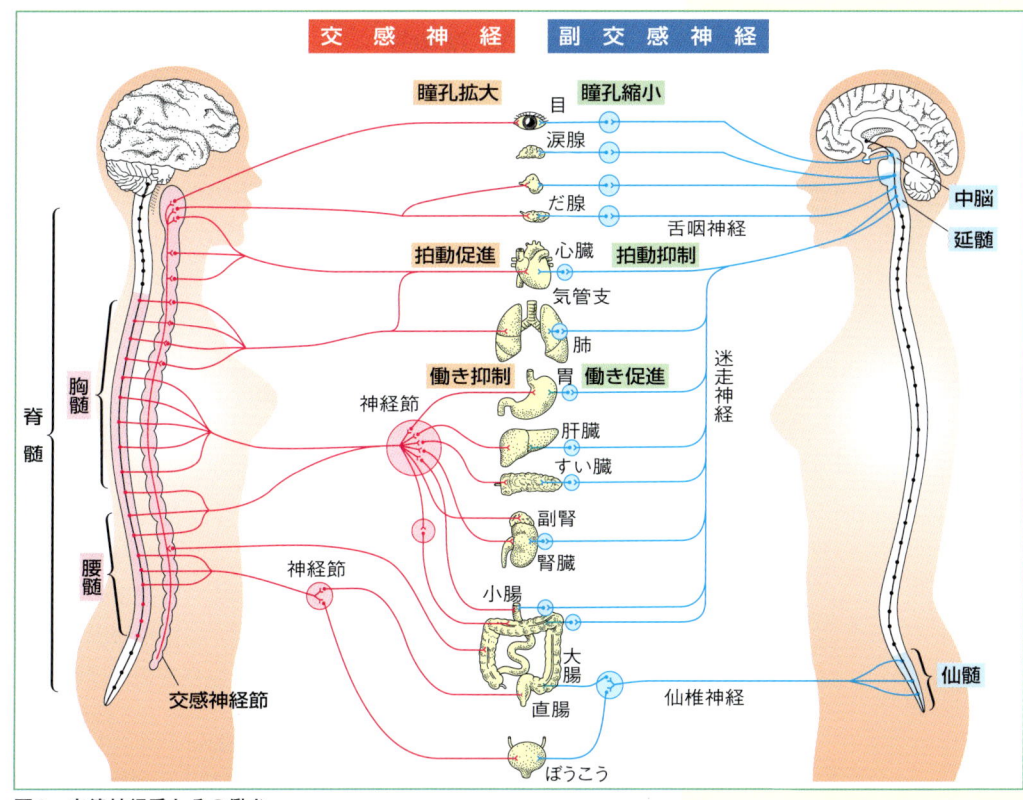

図2. 自律神経系とその働き

	瞳孔	心臓の拍動	気管支	血圧	胃腸運動	排尿	体表の血管	立毛筋	発汗
交感神経	拡大	促進	拡張	上昇	抑制	抑制	収縮	収縮	促進
副交感神経	縮小	抑制	収縮	低下	促進	促進	－	－	－

3 心臓の拍動と自律神経系

■ **ペースメーカー** 規則正しい心臓の拍動のリズムは右心房にある**ペースメーカー（洞房結節）**の働きでつくられる。この性質を**自動性**という。

■ **拍動促進** 運動すると血液中の**二酸化炭素濃度が高まる**。これを，**延髄**の心拍中枢が感知する。すると**交感神経**が興奮してペースメーカーに働きかけ，**心拍を促進し，血圧を上昇させて組織への酸素の供給量を増加させる**。

■ **拍動抑制** 安静時，血中の二酸化炭素が減少すると，**副交感神経**が興奮してペースメーカーに働きかけ，**心拍が抑制される**。

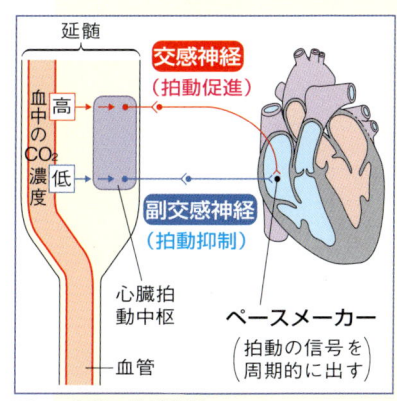

図3. 心臓の拍動調節

2章 体内環境の調節と免疫

2 ホルモンと内分泌腺

外部環境の変化に対して，神経系はすばやく対応するが，その効果には持続性のないことが多い。持続的な対応には，ふつう，**内分泌腺**から分泌される**ホルモン**が使われている。

1 ホルモンって何？

■ **ホルモン** 内分泌腺と呼ばれる特定の器官でつくられて，血液によって全身に運ばれ，受容体をもつ特定の**標的器官**に作用して，その働きを調節する物質を**ホルモン**という。ホルモンにはいろいろなものがあるが，いずれも微量で著しい働きを示す。ホルモンには，下のポイントのような特徴がある。

■ **標的器官** ホルモンの作用を受ける器官を標的器官という。標的器官には，特定のホルモンを特異的に受容する受容体をもつ**標的細胞**がある。

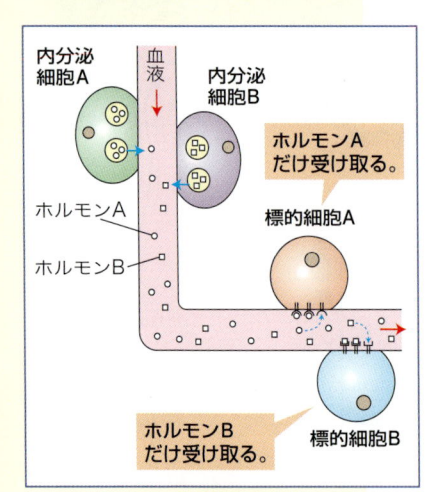

図4．ホルモンと標的器官

> **ポイント**〔ホルモンの特徴〕
> ① **内分泌腺**で合成される。
> ② 血液で運ばれ，特定の**標的器官**に作用する。
> ③ 微量で有効である。
> ④ 脊椎動物間では，種特異性がない。

2 内分泌腺はどこにある？

■ **内分泌腺と外分泌腺** ホルモンやだ液などの分泌物をつくる器官を**腺**という。体液中に直接分泌物を放出する腺を**内分泌腺**，排出管を通じて分泌する腺を**外分泌腺**という。

■ **内分泌腺** 脊椎動物の内分泌腺には，**間脳の視床下部，脳下垂体，甲状腺，副甲状腺，すい臓のランゲルハンス島，副腎**，卵巣，精巣などがある。それぞれの内分泌腺でつくられるホルモンの種類は決まっており，まとめると77ページのようになる。

■ **ホルモンの分泌** 内分泌腺で合成されたホルモンは，血液中に放出され，血流に乗って運ばれる。

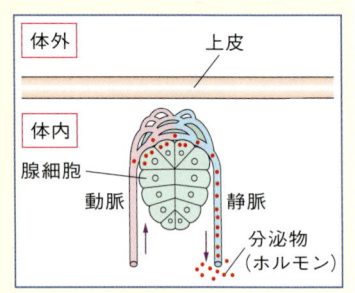

図5．内分泌腺

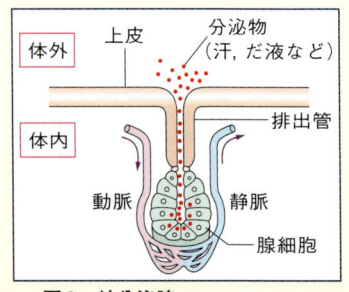

図6．外分泌腺
例 汗腺，だ腺など

2編 生物の体内環境の維持

おもな内分泌腺とホルモン

[内分泌腺]	[ホルモン]	[おもな働き]	
視床下部	放出ホルモン, 抑制ホルモン	脳下垂体前葉ホルモンの分泌を調節	
脳下垂体前葉	成長ホルモン	タンパク質の合成促進, 全身の成長促進	過剰；巨人症 不足；小人症
脳下垂体前葉	甲状腺刺激ホルモン	甲状腺ホルモンの分泌促進	
脳下垂体前葉	生殖腺刺激ホルモン	精巣・卵巣の成長を促進	
脳下垂体前葉	副腎皮質刺激ホルモン	副腎皮質ホルモンの分泌促進	
脳下垂体中葉	黒色素胞刺激ホルモン（インテルメジン）	色素胞中の色素顆粒の拡散, メラニンの合成促進	発展
脳下垂体後葉	バソプレシン	腎臓での水の再吸収の促進, 毛細血管を収縮させ血圧上昇	過剰；高血圧 不足；尿崩症
甲状腺	チロキシン	代謝（異化）の促進, 両生類の変態を促進（ヨウ素Iを含む）	過剰；バセドウ病 不足；クレチン病
副甲状腺	パラトルモン	骨からCa^{2+}を血液中に溶出→Ca^{2+}濃度上昇	…不足；テタニー症
すい臓ランゲルハンス島 A細胞	グルカゴン	肝臓でのグリコーゲン分解促進→血糖値上昇	
すい臓ランゲルハンス島 B細胞	インスリン	糖の消費促進・糖のグリコーゲン化→血糖値減少	…不足；糖尿病
副腎 皮質	糖質コルチコイド	タンパク質の糖化促進→血糖値増加	
副腎 皮質	鉱質コルチコイド	腎臓でのNa$^+$の再吸収とK$^+$の排出促進	
副腎 髄質	アドレナリン	グリコーゲンの分解促進→血糖値の増加	
卵巣	ろ胞ホルモン（エストロゲン）	雌の二次性徴の発現, 子宮壁の肥厚	発展
卵巣	黄体ホルモン（プロゲステロン）	妊娠の成立と維持, 排卵の抑制	発展
精巣	雄性ホルモン（テストステロン）	雄の二次性徴の発現, 精子の形成促進	発展

2章 体内環境の調節と免疫

3 ホルモンの相互作用

1 ホルモンのコントロール

■ ホルモンの分泌量は，多すぎても少なすぎても，からだの恒常性を維持することはできない。そこで，からだには，**ホルモンの分泌量を適量に調節**する**フィードバック**と呼ばれるしくみがある。このフィードバックによる調節には，間脳の視床下部と脳下垂体が深く関与している。

2 視床下部には何がある？

■ **間脳の視床下部** ヒトの脳は，大脳・間脳・中脳・小脳・延髄に分かれている。このうち，大脳に包まれるようにして，大脳の奥にある間脳の一部に**視床**と呼ばれる部分があり，その下方に**視床下部**がある。視床下部は恒常性維持の中枢となって働く。

■ **神経分泌細胞** 視床下部には，**神経分泌細胞**があり，ここでつくられた**放出ホルモン**や**抑制ホルモン**は，血液によって脳下垂体前葉に運ばれ，脳下垂体前葉から分泌されるホルモンの分泌量を調節している。

■ **脳下垂体後葉ホルモン** 脳下垂体後葉のホルモンは，視床下部の神経分泌細胞（放出ホルモンや抑制ホルモンをつくる細胞とは別の細胞）でつくられ，その神経分泌細胞の軸索を通して運ばれて脳下垂体後葉に貯蔵された後，必要に応じて血液中に分泌される。

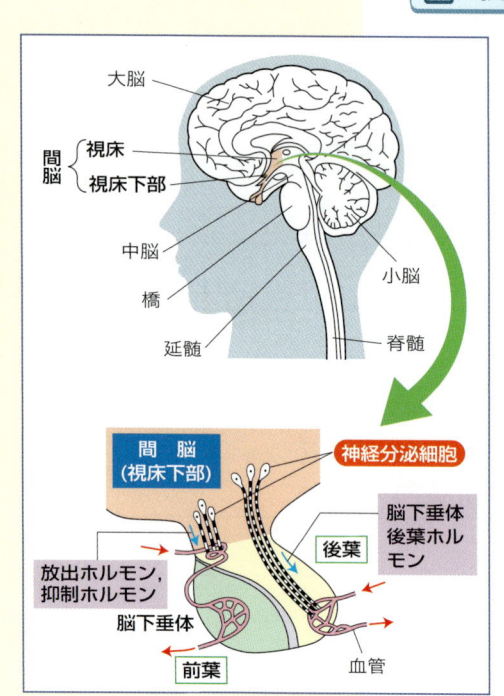

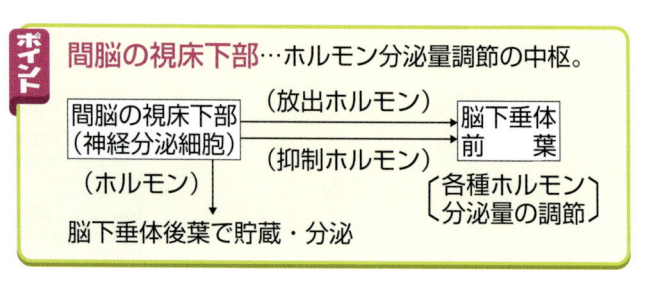

図7. ヒトの視床下部と脳下垂体

脳下垂体後葉から出されるバソプレシンは，脳下垂体後葉でつくられたものではない点に注意！

ポイント
間脳の視床下部…ホルモン分泌量調節の中枢。

間脳の視床下部 —（放出ホルモン）→ 脳下垂体前葉
（神経分泌細胞） —（抑制ホルモン）→
（ホルモン）↓ 〔各種ホルモン分泌量の調節〕
脳下垂体後葉で貯蔵・分泌

3 フィードバックによる調節

■ 甲状腺ホルモンの調節

①チロキシン濃度が低くなったとき
⇒間脳の視床下部や脳下垂体前葉で，血液中のチロキシン濃度が低くなったことを感知すると，間脳視床下部は放出ホルモン（甲状腺刺激ホルモン放出因子）の分泌量を増加させる。その結果，脳下垂体前葉からの**甲状腺刺激ホルモン**の分泌量が増加する。すると，甲状腺の働きが促進されて，**チロキシンの分泌量が増加する**。

②チロキシン濃度が高くなったとき
⇒血液中のチロキシン濃度が高くなったことを感知すると，間脳視床下部は抑制ホルモン（甲状腺刺激ホルモン抑制因子）の分泌量を増加させる。その結果，脳下垂体前葉からの甲状腺刺激ホルモンの分泌量が減少する。すると，甲状腺の働きが抑制されて，**チロキシンの分泌量が減少する**。

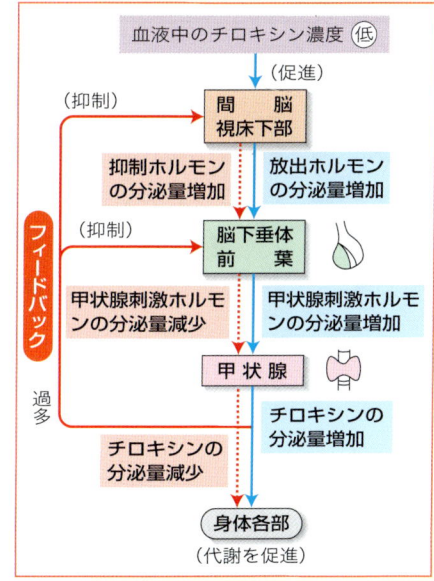

図8．チロキシンの分泌量の調節

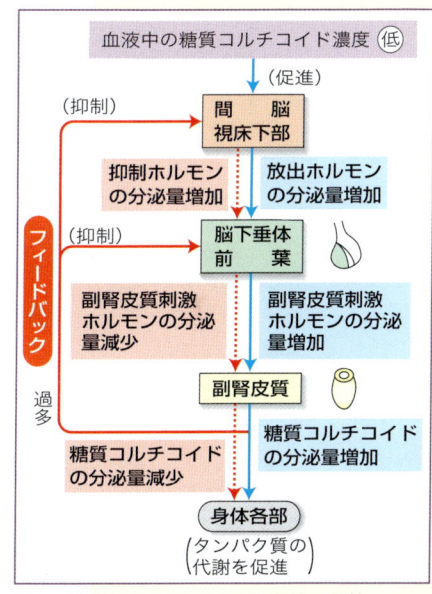

■ 副腎皮質ホルモンの調節

①糖質コルチコイドの濃度が低くなったとき
⇒間脳の視床下部や脳下垂体前葉で，血液中の糖質コルチコイドの濃度が低くなったことを感知すると，間脳視床下部は放出ホルモンの分泌量を増加させる。その結果，脳下垂体前葉からの**副腎皮質刺激ホルモン**の分泌量が増加する。すると，副腎皮質の働きが促進されて，**糖質コルチコイドの分泌量が増加する**。

②糖質コルチコイドの濃度が高くなったとき
⇒血液中の糖質コルチコイドの濃度が高くなったことを感知すると，間脳視床下部は抑制ホルモンの分泌量を増加させる。その結果，脳下垂体前葉からの副腎皮質刺激ホルモンの分泌量が減少する。すると，副腎皮質の働きは抑制されて，**糖質コルチコイドの分泌量が減少する**。

図9．糖質コルチコイドの分泌量の調節

> **ポイント** 血液中のホルモン濃度は，**フィードバック**により，高いと低くなるように，低いと高くなるように調節され，一定に保たれている。

2章 体内環境の調節と免疫

4 自律神経とホルモンによる協同

間脳の視床下部は，ホルモンと自律神経系の働きをうまく調節して恒常性の維持をはかっている。その例として，血糖値調節と体温調節のしくみを見てみよう。

1 ヒトの血糖値は約0.1％

ヒトの血糖値 ヒトの血液中に含まれるグルコースを**血糖**といい，その値を**血糖値**という。健常者では，その値は，血液100 mL中に約100 mg（**約0.1％**）である。約130 mg/100 mL以上になると高血糖，約70 mg/100 mL以下になると低血糖といい，血糖値調節のしくみが働く。

> **ポイント**
> 健常者の血糖値…**約0.1％**（100 mg/100 mL）
> 約70 mg ← 約100 mg → 約130 mg
> （低血糖）　　　　　　　　（高血糖）
> ［血糖値を上げる　　　　［血糖値を下げる
> 　しくみが働く］　　　　　しくみが働く］

⚛ **1. 成長ホルモン**
脳下垂体前葉から分泌される成長ホルモンも，血糖値を上げる働きをする。

⚛ **2. 糖尿病**
インスリンの分泌量が少ないと，血糖値が上昇しても下げることができず，糖尿病（⇒p.67）になる。

血糖値調節に働くホルモン 血糖値は，おもに，次の4つのホルモンによって調節されている。

- **アドレナリン・グルカゴン**…グリコーゲンをグルコースに分解して**血糖値を上げる**。
- **糖質コルチコイド**…タンパク質を糖に変えて**血糖値を上げる**（タンパク質の糖化）。
- **インスリン**…グルコースをグリコーゲンに合成して**血糖値を下げる**。また，グルコースの分解も促進する。

食後の血糖値とホルモン量の変化 食事をすると，一時的に血糖値は上昇する。しかし，健常者の場合，血糖値が上昇すると**インスリンの分泌量が増加**し，血糖値を下げるように働いて，血糖値が正常な値にもどる。また，このとき，グルカゴンの分泌は抑制されている（⇒図10）。一方，インスリンを分泌する細胞に異常がある糖尿病患者の場合，食事によって血糖値が上昇してもインスリンの分泌量はほとんど増加せず，血糖値は上昇したままとなる。

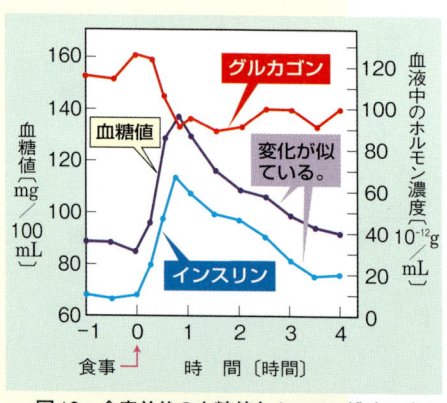

図10．食事前後の血糖値とホルモン濃度の変化

2 血糖値調節のしくみ

■ 血糖値は，フィードバック調節によって保たれている。

①**低血糖の場合**　副腎髄質から**アドレナリン**，すい臓のランゲルハンス島のA細胞（α細胞）から**グルカゴン**が分泌され，肝臓や筋肉中のグリコーゲンをグルコースに分解する。さらに，副腎皮質からは**糖質コルチコイド**が分泌されてタンパク質の糖化が促進され，血糖値が上がる。また，血糖値の低下を感知した間脳視床下部は，交感神経や脳下垂体前葉を介して上記のホルモン分泌を促進する。

②**高血糖の場合**　すい臓のランゲルハンス島のB細胞（β細胞）から**インスリン**が分泌され，おもに肝臓でグルコースからグリコーゲンを合成する。また，血糖値の上昇を感知した間脳視床下部は，副交感神経を介してインスリンの分泌を促進する。この調節能力を超えた場合，糖尿となる。

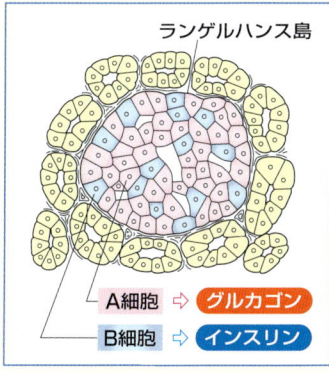

図11．すい臓のランゲルハンス島のつくり

A細胞 ⇨ グルカゴン
B細胞 ⇨ インスリン

✳3．糖尿病とそのタイプ
Ⅰ型糖尿病…インスリンを分泌する細胞が何らかの原因で破壊されたことで，インスリンがほとんど分泌されないために起こる。
Ⅱ型糖尿病…インスリンの分泌量の低下や標的器官のインスリン受容体の異常によって起こる生活習慣病の１つ。

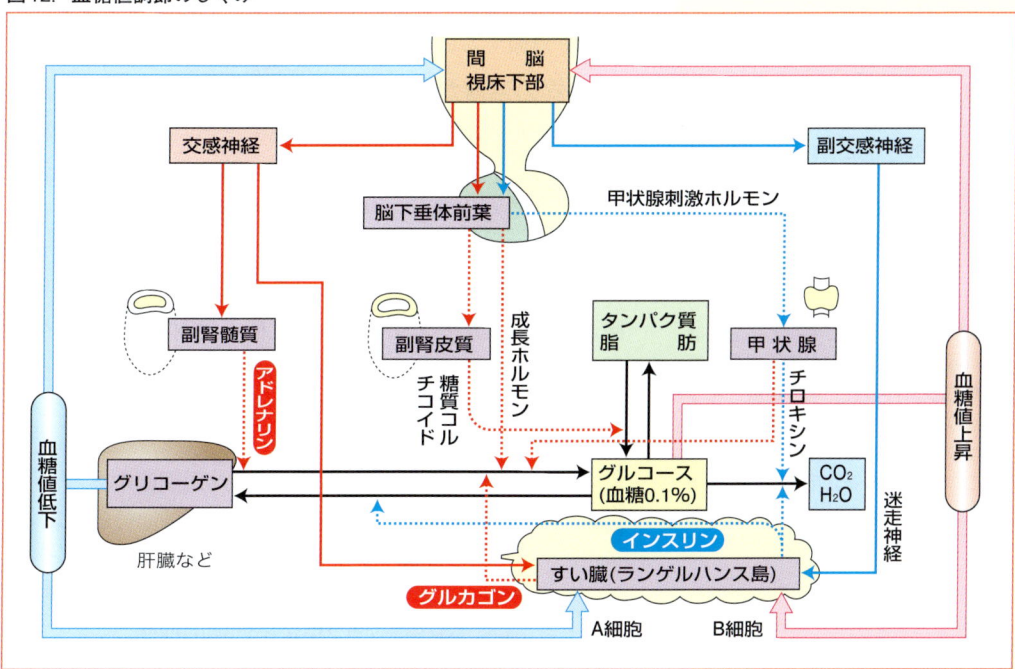

ポイント

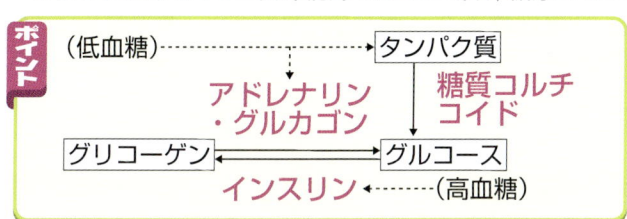

(低血糖) ┄┄┄┄→ タンパク質
　アドレナリン　　糖質コルチ
　・グルカゴン　　　コイド
グリコーゲン ⇄ グルコース
　　　　　インスリン ← ┄ (高血糖)

図12．血糖値調節のしくみ

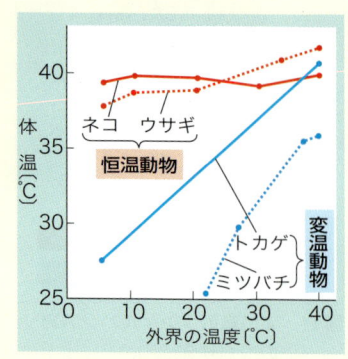

図13. 外界の温度変化と体温

外に出す熱を減らし、体内で発生する熱をふやすと、体温が上がる。

✿4. 体温調節とフィードバック
体温調節作用により、体温が上昇したり低下したりすると、それが刺激となり、フィードバックによって、上がりすぎたり下がりすぎたりしないように調節される。

✿5. 鳥肌
鳥肌とは、寒いときなどに立毛筋が収縮して体表の毛穴周辺の皮膚がもち上げられ、鳥の皮膚のようになることをいう。通常時、体毛は皮膚から斜めに出ているが、体毛の根元にある立毛筋が収縮すると、体毛が直立して毛穴が強く閉じ、鳥肌の状態になる。

③ 外界の温度変化と体温調節

■ **変温動物と恒温動物** 無脊椎動物や魚類・両生類・ハ虫類などは、外界の温度変化にしたがって体温が変化する。このような動物を**変温動物**という。一方、ヒトをはじめとする哺乳類や鳥類では、体温を調節し、外界の温度に関係なく**体温をほぼ一定に保つことができる**。このような動物を**恒温動物**という。

■ **体温調節中枢** 体温の調節中枢も**間脳の視床下部**にある。外界の温度変化にともなって血液の温度が変化したり、寒冷や暑熱刺激を皮膚で受け取ると、視床下部が感知して体温調節のしくみが働く。

④ 体温調節のしくみ

■ **体温調節の2つの方法** 恒温動物の体温調節は、放熱量(熱を体外に出し、体温を下げる)と発熱量(体内で熱を発生させ、体温を上げる)をうまく調節することによって行われる。

①**放熱量の調節** 汗腺や立毛筋および皮膚の毛細血管の働きを調節することによって行われる。

②**発熱量の調節** 血糖値を変化させ、代謝で発生する熱の量を調節することによって行われる。

■ **外界の温度が低いときの調節**(⇒図14) 血液の温度などが下がったことを、間脳の視床下部の体温調節中枢が感知すると、交感神経を通して立毛筋や皮膚の毛細血管を収縮させて、体表からの**放熱量を抑制**する。また、筋肉や肝臓では、副腎髄質からの**アドレナリン**や副腎皮質からの**糖質コルチコイド**が働いて血糖値を上昇させ、甲状腺からの**チロキシン**によって血糖の代謝を促進して**発熱量をふやす**。さらに、筋肉をガタガタと細かく身震いさせて、筋肉からの**発熱量もふやす**。

> **ポイント**
> 寒冷刺激 ➡ **間脳の視床下部**の体温調節中枢
> ➡ { 放熱の抑制…立毛筋・皮膚の毛細血管の収縮。
> 発熱の促進…アドレナリンや糖質コルチコイドによる血糖値の上昇→チロキシンによる代謝の促進。

2編 生物の体内環境の維持

図14. 寒冷時の体温調節

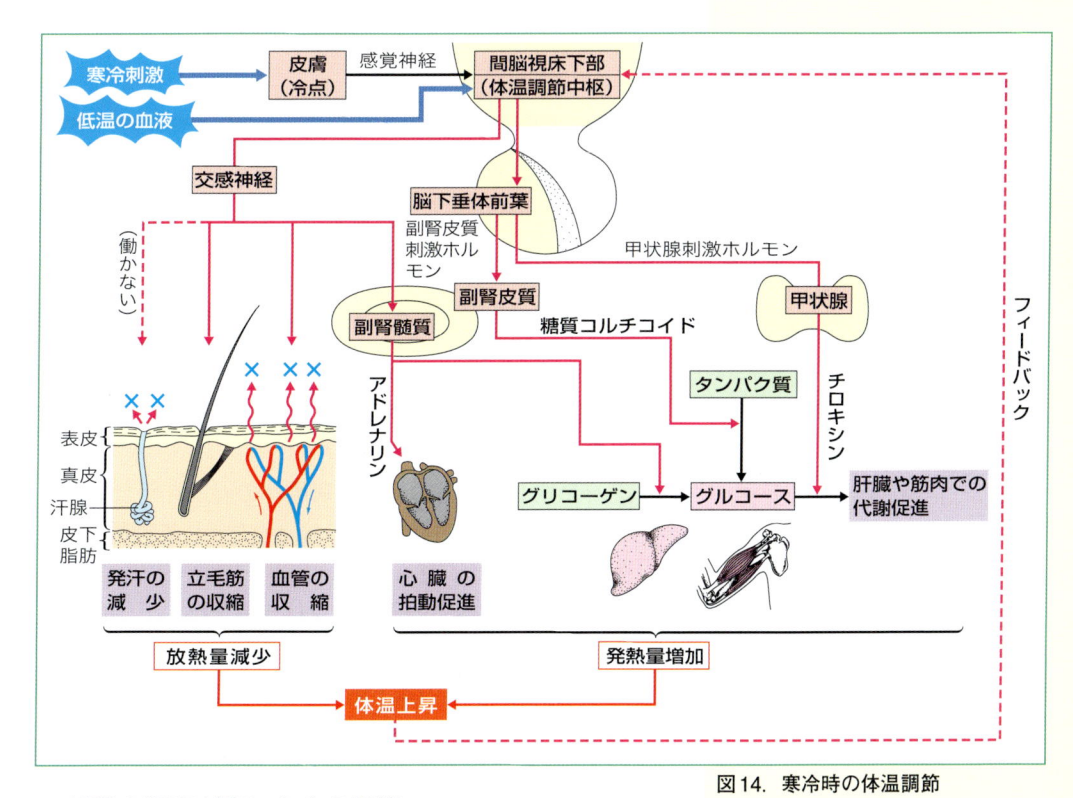

■ 外界の温度が高いときの調節

血液の温度が上がったことを間脳の視床下部の体温調節中枢が感知すると，交感神経の働きで汗腺の働きを促進して，発汗による気化熱によって**皮膚を冷やす**とともに，副交感神経を刺激して心臓の拍動(はくどう)を抑制する。また，アドレナリンや糖質コルチコイドの分泌量を減らして血糖値の上昇を抑制するとともに，チロキシンの分泌量を減らして代謝を抑制して**発熱量を減少させる**。

図15. 暑熱時の体温調節

> **ポイント**
> 暑熱刺激➡**間脳の視床下部**の体温調節中枢
> ➡ { 放熱の促進…交感神経→汗腺の働き促進。
> 　　 発熱の抑制 { 副交感神経→心拍の抑制。
> 　　　　　　　　 チロキシン減少→代謝の抑制。

2章　体内環境の調節と免疫

5 免疫

★1. 殺菌力のあるタンパク質
リゾチームは酵素の一種で，細菌の細胞壁を分解することで細菌を破壊する。ディフェンシンは細菌の細胞膜に結合し，細胞膜に穴をあけることで細菌を破壊する。

★2. ヒトの免疫を担当する細胞
は，顆粒白血球，マクロファージ，樹状細胞，リンパ球に大別される。
① 顆粒白血球：顆粒白血球にはいろいろあり，好中球が最も多い。異物を食作用により分解する。
② マクロファージ：単球が毛細血管から出てマクロファージとなる。食作用によって異物を分解。
③ 樹状細胞：食作用によって異物を分解し，その情報をヘルパーT細胞に伝える。
④ リンパ球：骨髄でつくられて胸腺やひ臓で成熟する。T細胞とB細胞がある。
　T細胞：胸腺で成熟する。次の2種類に分けられる。
　　ヘルパーT細胞：免疫の司令官として働く。一部は免疫情報を記憶する。
　　キラーT細胞：細胞性免疫。
　B細胞：ひ臓で成熟する。ヘルパーT細胞によって活性化され，抗体産生細胞となって抗体をつくる。一部は（免疫）記憶細胞となる。

好中球
マクロファージ
樹状細胞
T細胞 ┐
　　　├リンパ球
B細胞 ┘

■ からだを守るしくみの1つとして血液凝固について学習した。では，病原体などの異物からからだを守るしくみはどのようになっているのだろうか。

1 からだを守る3重の防衛ライン

■ 皮膚や粘膜は，異物の侵入を防いでいる。
① 病原体の侵入を阻止（物理的・化学的防御）
● 皮膚　皮膚は，**ケラチン**というタンパク質で**角質層**を形成し，水分の蒸発や病原体の侵入を阻止している。また，汗腺からは酸性の分泌物を出して細菌の増殖を抑制している。さらに，**リゾチーム**や**ディフェンシン**など，殺菌力のあるタンパク質を出して細菌を殺している。
● 粘膜　鼻・口・のど・気管・消化管などの粘膜は，繊毛運動で異物を排除したり，殺菌力のある物質を分泌したりして病原体の増殖を抑制している。

■ 体内に侵入してきた異物を排除するしくみを**免疫**という。
② **自然免疫**　免疫のうち，生まれながら備わっている細菌などを排除するしくみを**自然免疫**という。おもに白血球の一種の**食作用**による。
③ **獲得免疫**　哺乳類や鳥類では，病原体の侵入によって引き起こされた感染症などの後に，その病原体に対する免疫を獲得する。これを**獲得免疫（適応免疫）**という。獲得免疫は，細胞で異物を攻撃する**細胞性免疫**と，抗体によって攻撃する**体液性免疫**に大別できる。

> **ポイント**
> 生体防御システム
> ① 侵入阻止…皮膚の**角質層**，酸性の皮膚分泌物，**リゾチーム**，殺菌力のある粘膜
> ② 自然免疫…白血球の一種の**食作用**による免疫
> ③ 獲得免疫…病後に病原体に対する免疫を獲得

2 食べて処理する自然免疫

■ **自然免疫**　自然免疫には，**好中球**や**マクロファージ**，**NK細胞**などが関与し，異物に対して**非特異的に反応す**

る。反応までの時間は比較的短いが，異物に対する攻撃力は再度の侵入でも同じで，体液性免疫のような二次応答は見られない。

■ **食作用** 白血球の一種である**好中球**や**単球**などの**食細胞**が，異物を包みこんで消化・分解して排除する。

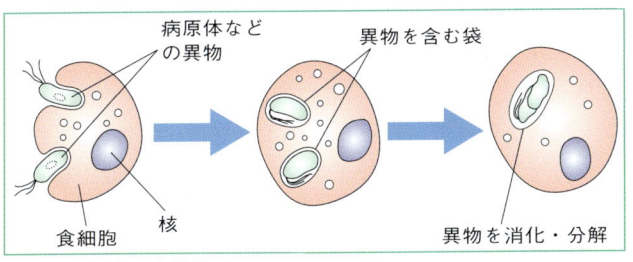

図16．食細胞の食作用

■ **マクロファージ** 単球は毛細血管の壁をすり抜けて組織に入り，感染部位でマクロファージに分化する。マクロファージは食作用で異物を分解し，その情報を免疫の司令官であるヘルパーT細胞に伝える（**抗原提示**）。

③ 苦い経験で得る獲得免疫

■ **獲得免疫** 獲得免疫を担当する細胞は，**T細胞**，**B細胞**，**マクロファージ**，**樹状細胞**などである。これらは，**特異的に病原体などに対抗**する。病原体などの異物が初めて侵入したとき，応答するまでの時間は7〜10日と長いが，同じ異物の2回目以降の侵入に対しては，直ちに応答し，しかも攻撃力を増す。これを**二次応答**という。

■ **細胞性免疫と体液性免疫** 獲得免疫には，**細胞性免疫**と**体液性免疫**がある。この2つの免疫は，異物に対して非特異的に反応する自然免疫とは異なり，侵入した病原体などの異物に対して**特異的に反応**して排除する。

■ 特異的な免疫反応を引き起こす異物を**抗原**という。

> **ポイント**
> **自然免疫**…**生まれつき**備わる免疫。**非特異的**に食作用で異物を分解。応答は**素早い**。
> **獲得免疫**…**生後獲得**する免疫。**特異的**に異物に応答。
> ┌ **細胞性免疫**：自然免疫と同様に**食作用**で異物を排除。
> └ **体液性免疫**：体液中に放出した**抗体**で異物を攻撃。

✦ 3. NK細胞
リンパ球の約15〜20%は自然免疫に関与し，**NK細胞**（ナチュラルキラー細胞）と呼ばれる。NK細胞は体内をパトロールしてウイルスなどに感染した細胞を感知し，それらの細胞を攻撃して破壊する。

✦ 4. 炎症のしくみ 〈発展〉
感染部位などでは，ヒスタミン，プロスタグランジンなどの警報物質が局所的に分泌されて，血管が拡張して赤く腫れ上がって熱をもち，水ぶくれができたり，神経が刺激されて痛みを感じたりする。このような反応を**炎症**という。

✦ 5. T細胞のTは胸腺（Thymus）に由来し，B細胞は骨髄（Bone Marrow）に由来する。

✦ 6. 自然免疫と獲得免疫
自然免疫は，非特異的であり，獲得免疫は特異的である。

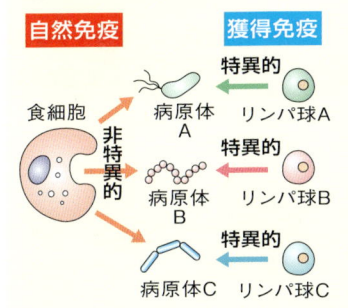

✦ 7. 抗 原
からだの中に侵入して**非自己物質**と判断されて排除される物質の総称を**抗原**という。この抗原に対抗するものとして，体液性免疫では，**免疫グロブリン**というタンパク質で**抗体**がつくられる（⇒ p.86）。

2章 体内環境の調節と免疫

✪8. 抗体の構造 [発展]

抗体は免疫グロブリンと呼ばれるY字形のタンパク質で，定常部と結合する抗原によって異なる可変部がある。1つの抗体は特定の1種類の抗原と特異的に結合する。

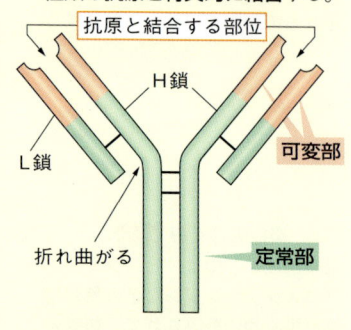

- 抗原と結合する部位
- H鎖
- L鎖
- 可変部
- 折れ曲がる
- 定常部

✪9.

同じ抗原が再度侵入すると，記憶細胞の働きで，一次応答のときより速く多量の抗体がつくられる。これを二次応答という。

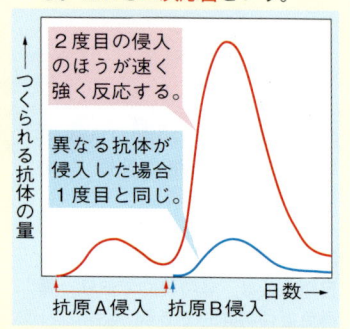

- 2度目の侵入のほうが速く強く反応する。
- 異なる抗体が侵入した場合1度目と同じ。
- つくられる抗体の量
- 抗原A侵入　抗原B侵入
- 日数→

4 体液性免疫のしくみ

■ **体液性免疫のしくみ**　① 抗原となる病原体などが体内に侵入すると，マクロファージや樹状細胞などの食作用で分解される。

② マクロファージや樹状細胞は，抗原の断片を細胞の表面に出して，抗原の情報を免疫の司令官となるヘルパーT細胞に伝える。これを抗原提示という。

③ 情報を受け取ったヘルパーT細胞は，活性因子(サイトカイン，その代表がインターロイキン)を放出して抗原の情報をB細胞に伝え，B細胞を活性化させる。

④ B細胞は分裂をくり返して分化し，抗体産生細胞（形質細胞）となり，抗原と特異的に結合する抗体をつくって，体液中に放出する。

⑤ 抗体は抗原と抗原抗体反応をして抗原を無毒化する。

⑥ ⑤をマクロファージなどが食作用によって排除する。

■ **免疫記憶**　B細胞の一部は記憶細胞となって体液中に残り，同じ抗原が再び侵入したときにはすみやかに抗体をつくる。これが二次応答である。

ポイント 〔体液性免疫の流れ〕
抗原→マクロファージ・樹状細胞が食作用で分解→抗原提示→ヘルパーT細胞→命令→B細胞→抗体産生細胞に変化→抗体を放出→抗原抗体反応→マクロファージなどの食作用で排除。

図17. 体液性免疫と細胞性免疫のしくみ

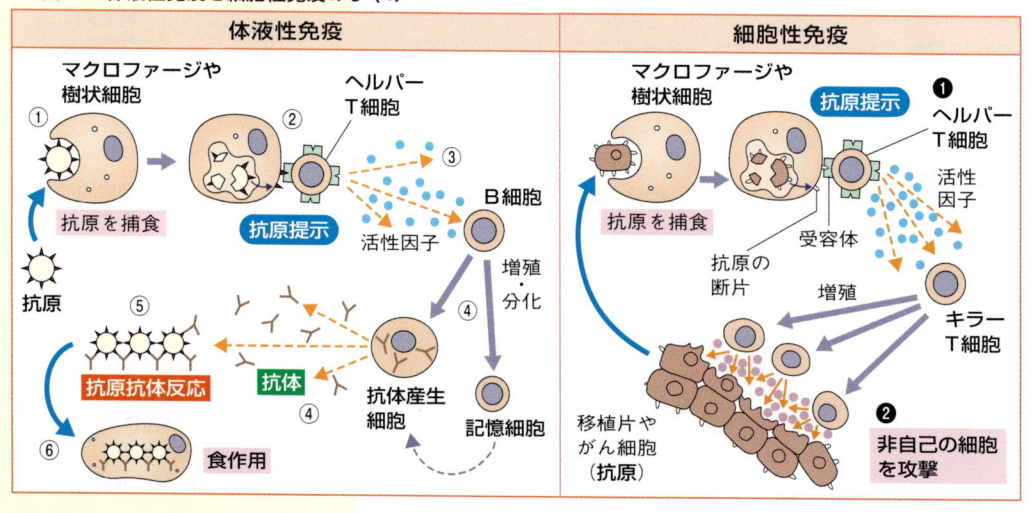

体液性免疫
- ① マクロファージや樹状細胞　抗原を捕食
- 抗原
- ② 抗原提示　ヘルパーT細胞
- ③ 活性因子　B細胞　増殖・分化
- ④ 抗体産生細胞　記憶細胞
- ⑤ 抗原抗体反応　抗体
- ⑥ 食作用

細胞性免疫
- マクロファージや樹状細胞　抗原を捕食
- 抗原提示　❶ ヘルパーT細胞　活性因子　受容体
- 抗原の断片　増殖　キラーT細胞
- 移植片やがん細胞（抗原）
- ❷ 非自己の細胞を攻撃

2編　生物の体内環境の維持

5 がん細胞や移植臓器を攻撃する細胞性免疫

■ **細胞性免疫** 移植された他人の組織やがん細胞，ウイルスに侵された細胞，変性細胞なども**抗原**とみなされる。

■ **細胞性免疫のしくみ** ① 抗原提示を受けたヘルパーT細胞は，抗原に対応する**キラーT細胞**の増殖を促進する。
② キラーT細胞は直接，上記の細胞を攻撃破壊する。

6 免疫が引き起こす病気もある

■ **免疫力の低下** 過労・ストレス・加齢などで免疫力が**低下**して病原性の低い病原体に感染して発病する場合を**日和見感染**という。HIV（ヒトエイズウイルス）はヘルパーT細胞に感染して**免疫機能を著しく低下させる**ので，**後天性免疫不全症候群(AIDS)**という。エイズに感染すると，日和見感染を起こしやすくなるため重症化する。

■ **がん** 免疫力が低下すると，キラーT細胞などによる**細胞性免疫によってがん細胞を排除できなくなり**，がん細胞が増殖してがんになる。

■ **免疫異常** ①アレルギー スギ花粉によるくしゃみ，鼻水（**花粉症**）のように，**異物に対する免疫反応が過剰に**なり，からだに不利益な症状が出ることを，**アレルギー**という。アレルギーを引き起こすものは**アレルゲン**という。

②自己免疫疾患 免疫系が**自分自身の細胞や組織に対して攻撃する場合**を**自己免疫疾患**といい，次の例がある。
・関節リウマチ…関節にある細胞が攻撃され，関節が炎症を起こし変形する。
・Ⅰ型糖尿病…すい臓のインスリン分泌細胞が攻撃される。

■ **免疫の応用** ①予防接種 **ワクチン**（弱毒化した病原体や，その副産物）を接種して，人為的に抗体をつくる能力を獲得させる方法を**予防接種**という。
②**血清療法** ヘビ毒などをすみやかに分解するため，あらかじめ他の動物につくられた**ヘビ毒などの抗体を含む血清を患者に直接注射する方法**を**血清療法**という。

> **ポイント**
> 免疫力の低下…エイズ，日和見感染，がん
> 免疫異常……アレルギー，自己免疫疾患
> 免疫の応用…予防接種，血清療法

✿10. 臓器移植と拒絶反応 [発展]

細胞表面には，自分の組織かどうかの識別に使われる抗原（主要組織適合抗原分子，MHC抗原）がある。また，T細胞の細胞膜の表面には**MHC抗原を認識する受容体**がある。他人の組織はMHCが異なるので，非自己と判断されてキラーT細胞などの**細胞性免疫**によって攻撃破壊される。移植された臓器はこのようにして**拒絶反応**を受ける。

近年，**免疫抑制剤**ができ，この拒絶反応を抑制することで臓器移植が可能となった（⇒p.92）。

■ 移植組織の識別実験
① B系統のネズミにA系統の皮膚を移植すると，約10日で移植皮膚は脱落する（**一次拒絶反応**）。
② ①のマウスに再度A系統の皮膚を移植すると，移植片は約5日で脱落する（**二次拒絶反応**）。
③ ①のマウスにC系統のマウスから皮膚を移植した場合，脱落するのは約10日後である。

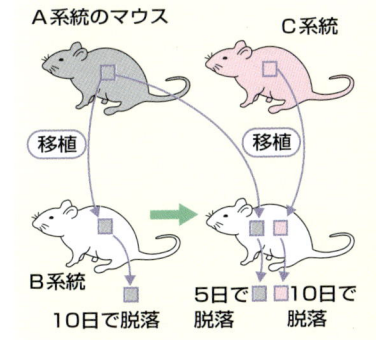

A系統のマウス　C系統
移植　移植
B系統
10日で脱落　5日で脱落　10日で脱落

✿11. アナフィラキシー

アレルギーのうち，全身症状を示す急性のものを**アナフィラキシー（アナフィラキシーショック）**といい，ハチ毒やソバなどで起こる。

✿12. BCGとツベルクリン反応

弱毒化した結核菌を**BCG**という。BCG接種後，結核菌のタンパク質を皮下注射して**ツベルクリン反応**があれば，免疫ができたとわかる。

2章　体内環境の調節と免疫

重要実験　カイコの生体防御のしくみを調べる

カイコはカイコガの幼虫で，さなぎになるときにつくる繭（まゆ）からは絹糸（シルク）がとれるよ。

方法

無脊椎動物である昆虫も生体防御のしくみとして自然免疫に相当するものをもち，侵入した異物に対して血球細胞による食作用が行われることが知られている。そこで，カイコを使って昆虫の生体防御のしくみを調べてみよう。

1. 注射器を使って墨汁を0.1 mL注射したカイコ（処理区）と，注射しないカイコ（対照実験区）を数匹ずつ用意する。
2. 両実験区のカイコを24時間程度放置し，免疫反応が起こるのを待つ。
3. 安全カミソリの刃で，カイコの腹脚の付け根の部分を切断し，その切り口にスライドガラスをこすりつけ，傷口から出る体液（無色透明）を採取する。
4. スライドガラスの体液が乾燥したら，メタノールを1滴落として乾燥させた後，ギムザ液を1滴落として15分間染色する。
5. 4のスライドガラスの裏面から，勢いを非常に弱くした水道水を流して，余分なギムザ液を流す。
6. 5から余分な水をろ紙で吸い取って乾燥させ，カバーガラスをかけて検鏡する。

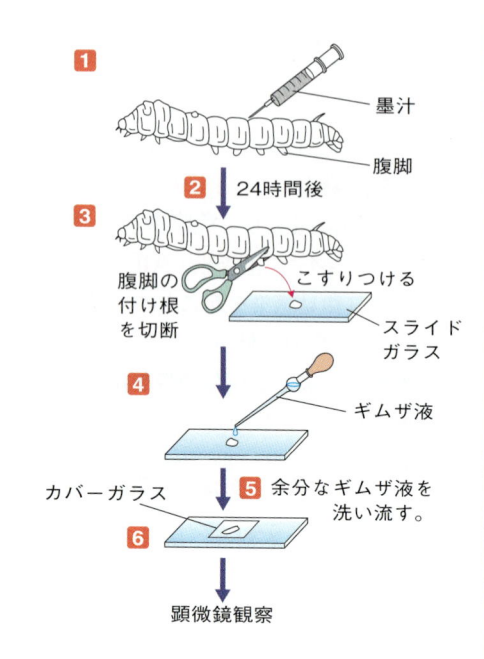

1　墨汁／腹脚
2　24時間後
3　腹脚の付け根を切断／こすりつける／スライドガラス
4　ギムザ液
5　余分なギムザ液を洗い流す。
6　カバーガラス
→顕微鏡観察

結果

1. 処理区のカイコでは，墨汁で黒くなった細胞が観察された。
2. 対照実験区では，墨汁を含む細胞は見られなかった。

考察

1. 墨汁を注射したカイコでは，なぜ，墨汁を含む細胞が見られたか。　→　異物である墨汁の炭素の粒子を食べる細胞がカイコの体内にあると考えられる。
2. 結果の1のような作用を何というか。　→　食作用
3. カイコに見られるこの働きは，ヒトの免疫の何に相当するか。　→　自然免疫
4. このカイコの細胞に相当するヒトの細胞は何と呼ばれる細胞か。　→　樹状細胞やマクロファージ
5. カイコは細胞性免疫をもっているか。　→　もっている。

テスト直前チェック　定期テストにかならず役立つ！

1. ☐ 内臓の働きなどを支配し，無意識のうちに働く神経系を何という？
2. ☐ 自律神経系のうち，興奮したり緊張したりしたときに働く神経を何という？
3. ☐ 自律神経系のうち，胃腸の働きを促進し，心臓の拍動を抑制する神経を何という？
4. ☐ 動物のホルモンをつくる器官を何という？
5. ☐ ホルモンの作用を受ける器官にある，特定のホルモンの受容体をもつ細胞を何という？
6. ☐ 脳下垂体前葉から分泌され，タンパク質や骨の合成を促進するホルモンは何か？
7. ☐ 脳下垂体後葉から放出され，腎臓での水の再吸収を促進するホルモンは何か？
8. ☐ 甲状腺から分泌され，代謝を促進するホルモンは何か？
9. ☐ 血液中のチロキシン濃度が低くなると，脳下垂体から放出されるホルモンは何か？
10. ☐ 骨のカルシウムが血液中に溶出するのを促進するホルモンは何か？
11. ☐ 健常者の血糖値は，およそ何％か？
12. ☐ 血糖値を調節する中枢があるのはどこか？
13. ☐ 副腎髄質から分泌されるホルモンで，血糖値を上げるホルモンは何か？
14. ☐ 副腎皮質から分泌されるホルモンで，血糖値を上げるホルモンは何か？
15. ☐ すい臓から分泌されるホルモンで，血糖値を上げるホルモンは何か？
16. ☐ すい臓から分泌されるホルモンで，血糖値を下げるホルモンは何か？
17. ☐ 低血糖のときに，血糖値を上げるために働く自律神経は何という神経か？
18. ☐ 高血糖のときに，血糖値を下げるために働く自律神経は何という神経か？
19. ☐ 血糖値を下げるしくみがうまく働かず，尿中にグルコースが排出される病気を何という？
20. ☐ ヒトが寒冷刺激を受けたとき，立毛筋は収縮するか，弛緩するか？
21. ☐ 体液性免疫で体液中に放出されて，抗原を凝集させるものは何か？
22. ☐ 細胞性免疫で抗原を直接攻撃する細胞は何か？
23. ☐ 予防接種のときに使われる，弱毒化した病原体やその副産物を何という？

解答

1. 自律神経系
2. 交感神経
3. 副交感神経
4. 内分泌腺
5. 標的細胞
6. 成長ホルモン
7. バソプレシン
8. チロキシン
9. 甲状腺刺激ホルモン
10. パラトルモン
11. 0.1％
12. 視床下部（間脳の視床下部）
13. アドレナリン
14. 糖質コルチコイド
15. グルカゴン
16. インスリン
17. 交感神経
18. 副交感神経
19. 糖尿病
20. 収縮する。
21. 抗体（免疫グロブリン）
22. キラーT細胞
23. ワクチン

2章　体内環境の調節と免疫

定期テスト予想問題　解答→ p.136~137

1　自律神経系

右の図は，自律神経系を模式的に示したものである。各問いに答えよ。

(1) 発展　図中の実線と破線で示した神経の名称をそれぞれ答えよ。また，それぞれの神経の末端から分泌される伝達物質の名称も答えよ。

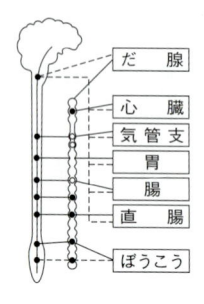

(2) 自律神経系の中枢は，脳のどの部分か。

(3) 交感神経は，中枢神経系のどの部分から出ているか。

(4) 次の①〜⑥のうち，交感神経の働きによるものをすべて選べ。
① 心臓の拍動の促進　　② 瞳孔の拡大
③ 胆汁の分泌の促進　　④ 立毛筋の収縮
⑤ だ液の分泌促進　　　⑥ 気管支の拡張

2　内分泌腺とホルモン

右の図は，ヒトのおもな内分泌腺を示したものである。各問いに答えよ。

(1) 図中のa〜gの内分泌腺の名称を，それぞれ答えよ。

(2) 次の①〜⑦の働きをもつホルモンの名称を，それぞれ答えよ。また，それぞれのホルモンを分泌する内分泌腺を，図中のa〜gから選べ。
① 腎臓の水の再吸収促進
② 腎臓の細尿管でのNa$^+$の再吸収促進
③ 血液中のCa^{2+}の濃度の増加
④ 代謝（異化）の促進
⑤ 筋肉や骨の成長・タンパク質合成の促進
⑥ グリコーゲンの合成促進
⑦ タンパク質の糖化促進

3　ホルモン分泌の調節

右の図は，あるホルモンYの分泌量調節のしくみを示したものである。各問いに答えよ。

(1) 図中の内分泌腺XとホルモンYの名称をそれぞれ答えよ。

(2) 図中のAは，ホルモンYの血液中の濃度が低くなった場合の調節，Bは高くなった場合の調節を示している。①〜③のホルモンの名称をそれぞれ答えよ。

(3) ホルモンYの血液中の濃度が高くなったとき，③の分泌量はどのようになるか。

(4) 血液中のホルモンの濃度を調節するこのようなしくみを何と呼ぶか。

4　食後の血糖値の変化

次の図は，健常者と糖尿病患者にグルコース溶液を一定量飲ませた後に，血糖値（図1）とあるホルモンの血液中の濃度（図2）の変化を時間を追って測定したものである。各問いに答えよ。

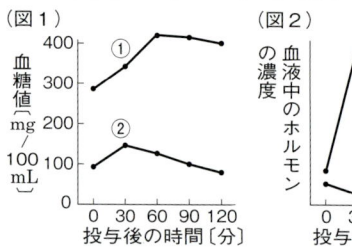

(1) 図1の①，②のどちらが健常者の血糖値の変化を示したものか。

(2) 図2では，③が健常者，④が糖尿病患者を示している。あるホルモンとは何か。

(3) 図2をもとに，糖尿病の理由を説明せよ。

2編　生物の体内環境の維持

5 血糖値調節のしくみ

次の図は，血糖値調節のしくみを示したものである。各問いに答えよ。

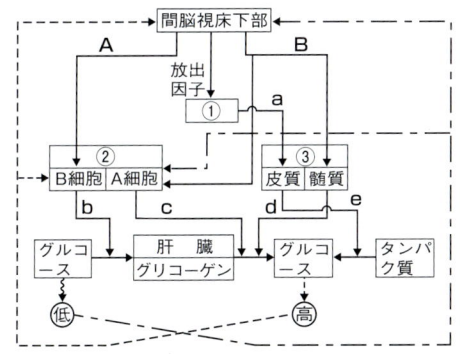

(1) 図中のA，Bは神経を示している。それぞれの神経の名称を答えよ。
(2) ①〜③は内分泌腺を示している。それぞれの内分泌腺の名称を答えよ。
(3) a〜eはホルモンを示している。それぞれのホルモンの名称を答えよ。
(4) 図のような血糖値調節のしくみをふつう何と呼ぶか。
(5) 健常者の血糖値は，ふつう，何％程度に保たれているか。

6 体温調節

次の図は，ヒトが寒冷刺激を受けたときの体温調節のしくみを示したものである。各問いに答えよ。

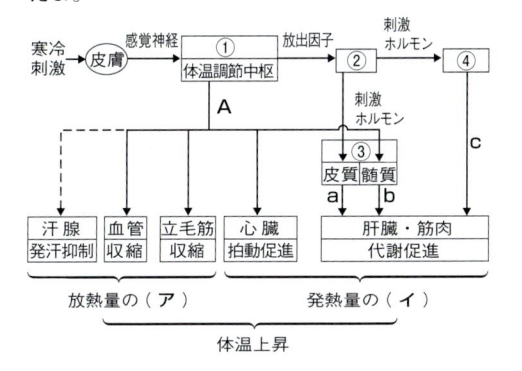

(1) 図中の神経Aの名称を答えよ。
(2) 図中の①〜④の内分泌腺の名称をそれぞれ答えよ。
(3) 図中のa〜cのホルモンの名称をそれぞれ答えよ。
(4) 図中のア，イにそれぞれ適当な2字の漢字を記入せよ。
(5) 図に示した以外の発熱法を1つ答えよ。

7 免疫

次の文は，インフルエンザに感染してから治るまでの過程を説明したものである。各問いに答えよ。

　インフルエンザのウイルスが体内に侵入すると急激に増殖して発熱などの症状を引き起こす。この状態を「感染した」という。この間にも体内では①マクロファージがウイルスを取り込んで分解し，②その情報をリンパ球の1つT細胞に連絡する。T細胞は③ある物質を放出してB細胞やT細胞を活性化する。B細胞は抗体産生細胞に分化して抗体を血液中に放出する。この④抗体が抗原を凝集する。抗体による凝集は，マクロファージなどが捕食して抗原を取り除きやすくする働きもある。このことによってインフルエンザが治る。B細胞の一部はこのインフルエンザの⑤情報を保持する細胞になり，再び，同じ型のインフルエンザウイルスが侵入するとすみやかに抗体が産生されて抗原を攻撃破壊するため，⑥2度目はかかりにくくなる。

(1) 下線部①のマクロファージが行う防御の働きを何というか。
(2) 下線部②の働きを何というか。
(3) 下線部③の物質を何というか。
(4) 下線部④の反応を何というか。
(5) 下線部⑤の細胞の名称を答えよ。
(6) 下線部⑥の状態になることを一般に何というか。

2章　体内環境の調節と免疫

ホッとタイム

◆腎臓移植と免疫

> ◎ここにあげた移植と免疫の話は，テストには出ないかもしれないが，知っていたらいつか何かの役に立つかもしれない。

●腎臓移植の成功率は？

近年，アメリカでは毎年1万件以上もの腎臓移植が行われ，日本でも腎臓移植がしだいに行われるようになってきた。しかし，移植した腎臓は100％機能するわけではない。

生体腎移植（生きている人から腎臓を1つもらう移植）では，約90％が腎臓として機能するが，移植後1年ごとに3〜5％機能しなくなる。一方，死亡直後に取り出された腎臓を移植した場合，1年後に機能するのは70〜90％であり，その後，1年ごとに5〜8％が機能しなくなる。このように移植した腎臓の機能が低下するのは，免疫系の働きで移植した腎臓に対する拒絶反応が起きているからである。

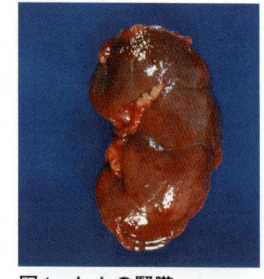

図1．ヒトの腎臓

●拒絶反応

細胞表面には，自分と他人の細胞を見分けるための主要組織適合性複合体（MHC）と呼ばれる目印がある。マクロファージ，キラーT細胞，ヘルパーT細胞などは，MHCが異なる細胞を識別して攻撃し，破壊する。腎臓移植をする場合はこの攻撃を減らすため，MHCの型を調べてできるだけ似た型の人をドナー（臓器提供者）として腎臓を移植する。

●免疫抑制剤

MHCの型が似ていても，拒絶反応が無くなるわけではないので，さらに免疫の働きを抑えるため，カビの一種から生成したシクロスポリンという免疫抑制剤が使われる。シクロスポリンは，T細胞からのサイトカインの分泌を抑制する。

腎臓を移植した人は免疫抑制剤を一生飲む必要があり，短期間でも免疫抑制剤を飲まないと，拒絶反応が起こって腎機能が低下する。

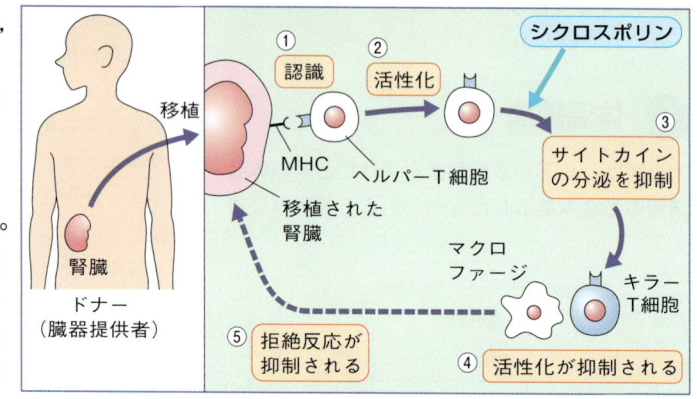

図2．免疫を抑制するしくみ

●腎臓移植とがん

腎臓移植を受けた人では，一般の人よりも10〜15倍もがんを発症する確率が高くなる。これは免疫抑制剤で拒絶反応を抑えるため，がんの発症を抑える免疫システムも抑制されてしまうからである。

3編
生物の多様性と生態系

1章 植生とその移り変わり

1 さまざまな植生と物質生産

✿1. 環境要因
外部環境のうち、生物に影響を与える要素を<u>環境要因</u>という。

✿2. 植物の生活形
植物は、降水量・気温・土壌など生育環境に強く影響を受けるため、それぞれの環境に適応した生活様式をもっている。これを<u>生活形</u>といい、生育環境が似た場所には、同じような生活形の植物が生育する。

|参考| **ラウンケルの生活形**
ラウンケルは、植物を<u>休眠芽</u>(低温や乾燥に耐えるための冬芽)の位置によって区別し、図1のように分類した。
そして、地上植物の樹木については、葉の形態から<u>広葉樹</u>と<u>針葉樹</u>に分類し、さらに、落葉の有無によって、きまった季節に落葉する<u>落葉樹</u>と落葉しない<u>常緑樹</u>に分類した。

✿3. 植物の構成は、ふつう、<u>方形枠法</u>(⇒p.106)で調べる。

■ 植物は、地球上の生物が利用する有機物を生産する働きを担っている。植物は自ら移動できないため<u>環境要因</u>の影響を強く受け、それぞれの地域にはさまざまな植生が見られる。

1 植生の成り立ちは？

■ **植生** 一定の地域に生息し、その地域の地表を覆っている植物全体をまとめて<u>植生</u>という。植生は降水量・気温などの気候的要因の影響を強く受ける。

■ **相観** 植生全体を眺めたときの外観を<u>相観</u>といい、相観によって植生は、<u>森林・草原・荒原</u>に大別される。

■ **優占種** 植生の中で、背丈が高く、最も量が多く、地表面を広く覆って相観を決定づけている植物種を<u>優占種</u>という。ふつう、優占種によって植生の名がつけられている。
|例| ブナを優占種とする植生ならブナ林

■ **植生の役割** 植生は生態系(⇒p.110)の中で、太陽の光エネルギーを利用して、二酸化炭素と水から有機物をつくる生産者の役割を果たしている。

> **ポイント**
> 植生…ある地域を覆っている植物全体。生態系の中では有機物を生産する生産者。
> 相観…目で見た植生の外観。相観によって植生は、森林・草原・荒原に大別される。
> 優占種…地表面を覆い、相観を決定づける植物種。

図1. ラウンケルの生活形

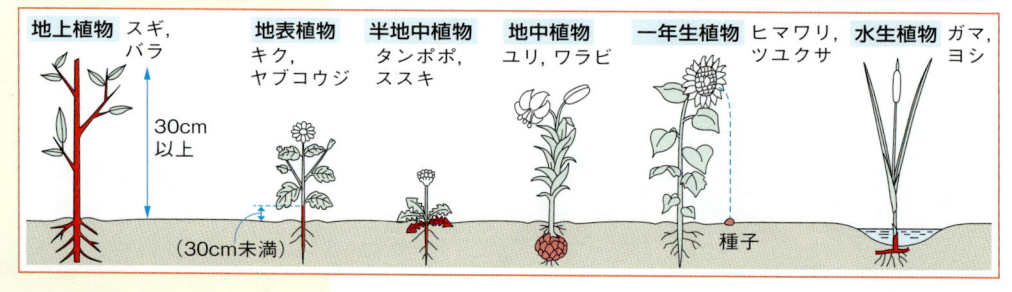

地上植物	地表植物	半地中植物	地中植物	一年生植物	水生植物
スギ,バラ	キク,ヤブコウジ	タンポポ,ススキ	ユリ,ワラビ	ヒマワリ,ツユクサ	ガマ,ヨシ
30cm以上	(30cm未満)			種子	

2 いろいろな植生

■ **森林** 降水量が多い地域に成立する植生を<u>森林</u>といい，密集して生えた樹木が<u>相観</u>を形成している。発達した森林は垂直方向の<u>階層構造</u>をつくる。**地域の気温に応じて成立する森林の種類は異なる。**

①**森林の階層構造** 日本の照葉樹林や夏緑樹林では，森林を構成する植物の高さによって<u>高木層・亜高木層・低木層・草本層・地表層</u>の垂直方向の<u>階層構造</u>が見られる。また，地中には地中層が見られる。森林の最上部で葉の茂りのつながった部分を<u>林冠</u>といい，地表面に近いところを<u>林床</u>という。発達した森林の内部では，最上部の光の強さを100としたときの明るさ(<u>相対照度</u>)は，**高木層で急激に低下し，林床ではわずか数%となる。**

例	照葉樹林	夏緑樹林
高 木 層	スダジイ	ブナ
亜高木層	ヤブツバキ	ハウチワカエデ
低 木 層	ヒサカキ	クロモジ
草 本 層	シダ植物	チシマザサ
地 表 層	コケ植物・地衣類など	

②**森林内の環境** 森林内では，**外部に比べて温度や湿度の変動が小さく安定している。**森林は環境形成作用が強い。

③**気温と森林** 森林の種類は気温によって異なり，気温の高い方から低い方へ順に，<u>熱帯多雨林・亜熱帯多雨林・照葉樹林・夏緑樹林・針葉樹林</u>と分布する。

図3. 気温といろいろな森林の樹形

| 熱帯多雨林 | 照葉樹林 | 夏緑樹林 | 針葉樹林 |

高 ← 気 温 → 低

> **ポイント** 〔森林の階層構造〕
> 高木層・亜高木層・低木層・草本層・地表層
>   （林冠）   （林床）

✿4. 地中層
森林は土壌が発達し，地中層では次の3つの層状構造が見られる。
- 落葉・落枝の層：地面に落ちた葉や枝が堆積した層。
- 腐植に富んだ層：土壌動物や菌類・細菌類などの分解者によって，有機物の分解が進んだ層。気温の高い熱帯林では分解者が盛んに働いて有機物がすぐ分解されるため，この層は浅い。
- 岩石が風化した層

図2. 森林の階層構造

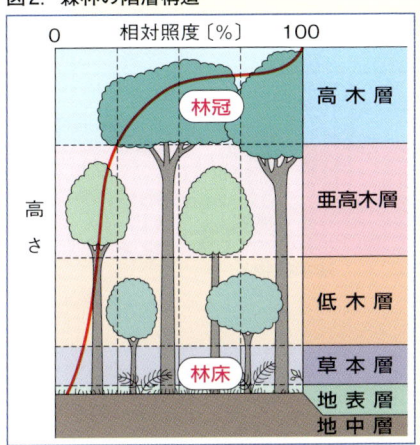

✿5. ブナ林の林床
カタクリは陽生植物(⇒p.99)であるが，夏緑樹林の林床で生育する。ブナなどの夏緑樹林は秋に落葉し，5月の新緑の季節までの間は，林床にも強い光が届く。そこでカタクリは，早春に芽を出し，夏緑樹林が葉を茂らせて林冠が閉じるまでの間に光合成を行って地下部に同化産物を蓄えている。夏緑樹林の林床で生育するため，その光環境によく適応した林床植物である。

1章 植生とその移り変わり

❀6. 草原の土壌
草原では、土壌の層状構造はあまり発達していない。

❀7. 荒原の土壌
荒原では落葉・落枝層や腐植層はほとんど見られない。

❀8. ツンドラの植生
ツンドラは寒地荒原ともいい、地衣類・コケ植物などの限られた生物しか生育できない（⇒p.103）。

■ **草原** 降水量が少なく樹木が生育できない地域に発達し、草本植物が優占する植生を草原という。森林に比べると階層構造が単純で、土壌も発達せず薄い。また、生息する生物種も少ない。熱帯地域ではサバンナ、中央アジアの温帯地域ではステップ（⇒p.102）と呼ばれ、イネ科の草本が優占している。

■ **荒原** 降水量が極端に少ない乾燥地域に見られる砂漠や極端に気温の低い地域にできるツンドラといった荒原には、厳しい環境に適応した少数の特殊な生物が生育する。

■ **水辺の植生** 河川や湖沼などの水中には、陸上とは異なる植生が見られる。

①**水辺の植生** 水辺の植物は、生活形により、抽水植物・浮葉植物・浮水植物・沈水植物に大別できる。

抽水植物：根は水面下にあり、植物体の一部が水面から出る。
浮葉植物：葉が水面に浮かんでいる。
浮水植物：植物体全体が水面に浮かぶ。
沈水植物：植物体全体が水中に沈む。

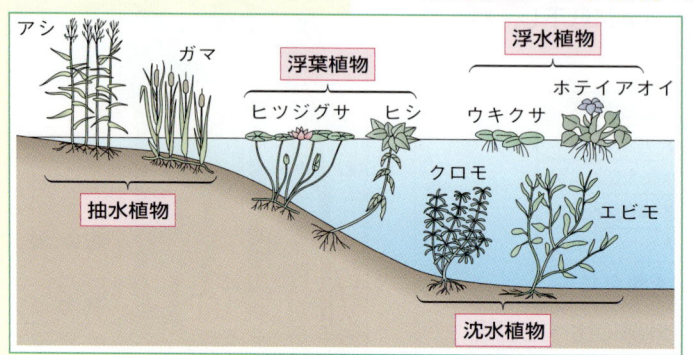

図4. 水辺の植生

②**プランクトン** 浮遊生活する生物をプランクトンという。そのうち、植物プランクトンは光合成を行って有機物を合成する生産者として重要な働きをしている。

③**補償深度** 水中の植物や植物プランクトンが光合成することができるのは十分に光の強い表層に限られる。これらの生物が生育できる下限の水深を補償深度という。

④**生産層** 水面から補償深度までを生産層という。生産層の水深は水の濁りの程度に左右される。

図5. 補償深度と光合成
補償深度より深い場所では、植物や植物プランクトンの光合成が十分にできず、生育できない。

> **ポイント**〔いろいろな植生〕
> 森林…樹木が優占し階層構造が発達。土壌も発達。
> 草原…草本植物が優占し、土壌は発達しない。
> 荒原…厳しい環境で、少数の特殊な植物のみ生息。
> 水辺の植生…抽水植物・浮葉植物・浮水植物・沈水植物や植物プランクトン（生産者）が、補償深度までの生産層で光合成を行う。

③ 有利なのは広葉型かイネ科型か

■ **生産構造** 植生の構造を，光合成による有機物の合成という点から見たとき，これを<u>生産構造</u>という。

■ **生産構造の調査** 生産構造は，一定区画内の植物を，等間隔の高さで<u>同化器官と非同化器官</u>に分けて切り取り，その乾燥重量を測定する<u>層別刈取り法</u>によって調べる。その結果をもとに，高さごとの同化器官と非同化器官の量を示したものを<u>生産構造図</u>という。

■ **生産構造の2つの型** 広葉型とイネ科型に大別される。
① 広葉型 同化器官が上部に集中するタイプ。下部はほとんどが植物体を支える非同化器官。上部に広い葉を水平につけるため，植生内部の相対照度は急激に低下する。
② イネ科型 細長い葉が斜めに立ってつくので，光は植生内部まで届く。植生の上部から下部まで同化器官が存在し，非同化器官の割合が低い。<u>物質生産の効率が高い生産構造</u>である。

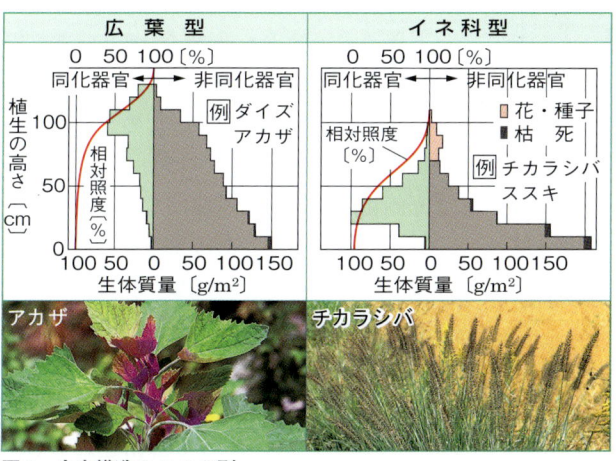

図6. 生産構造の2つの型

ポイント 〔生産構造の2タイプ〕

	広葉型	イネ科型
生産効率	△（非同化器官が多い）	○（同化器官の割合が多い）
光をめぐる競争 ☆11	○（高い位置に集中して葉を広げる）	△（同化器官が低い位置に多い）

☆9. **同化器官と非同化器官**
光合成を行う葉を同化器官（光合成器官）といい，その他の光合成を行わない器官を非同化器官（非光合成器官）という。

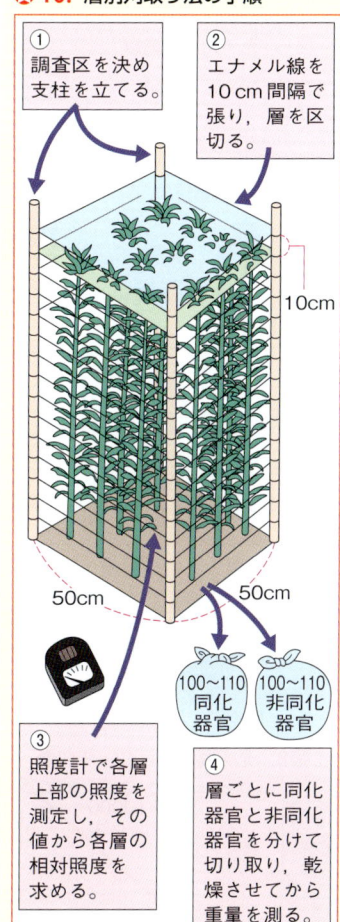

☆10. **層別刈取り法の手順**
① 調査区を決め支柱を立てる。
② エナメル線を10cm間隔で張り，層を区切る。
③ 照度計で各層上部の照度を測定し，その値から各層の相対照度を求める。
④ 層ごとに同化器官と非同化器官を分けて切り取り，乾燥させてから重量を測る。

☆11. 実際に広葉型の植物とイネ科型の植物が混植された場合に光をめぐる競争でどちらが勝つかは成長の速さや草丈の高さ，耐陰性（⇒p.99）のちがい，温度や水条件などによって異なる。

1章 植生とその移り変わり

2 植物の成長と光

植物は，光合成によって，生命活動に必要な有機物を合成している。その光合成は，光の強さなどの環境要因の影響を受ける。光の強さと光合成速度の関係について学ぼう。

呼吸はいつも行っている。

1 光の強さと光合成速度の関係は？

光の強さを変えて二酸化炭素の吸収と放出の速度を測定すると，図7のような**光-光合成曲線**が得られる。

図7．光-光合成曲線

〔$mgCO_2/50cm^2$・時間〕

① **呼吸速度** 光の強さを0にしたとき，植物は，光合成をせずに呼吸だけを行って二酸化炭素を放出する。この二酸化炭素の放出速度を**呼吸速度**という。

② **光補償点** 光の強さを強くするにつれて，光合成も始まり，ある光の強さで，二酸化炭素の出入りが0になる。このときの光の強さを**光補償点**という。光補償点以下の光の強さでは，光合成量よりも呼吸量のほうが多いため，植物は生育できない。

③ **光飽和点** 光合成速度は，光の強さとともに増加するが，ある光の強さに達すると，一定となってふえなくなる。このときの光の強さを**光飽和点**という。

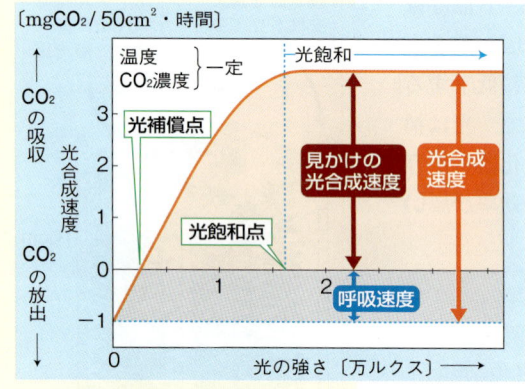

暗黒状態	光補償点以下	光補償点	光補償点以上
光合成速度＝0（呼吸のみ）	光合成速度∧呼吸速度	光合成速度＝呼吸速度	光合成速度∨呼吸速度

④ **見かけの光合成速度** 光があるとき，植物は光合成と呼吸を同時に行っている。ある光条件で，ふつう，測定できるCO_2の吸収速度は，呼吸によって排出されるCO_2の放出速度が差し引かれたものであり，これを**見かけの光合成速度**という。

⑤ **光合成速度** 光合成速度は，暗黒状態で測定した呼吸速度に見かけの光合成速度を加えたものである。

図8．光合成時間とCO_2吸収量

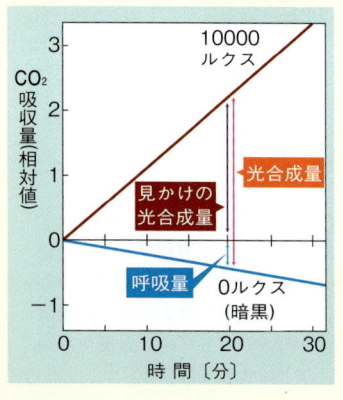

> **ポイント**
> 光合成速度＝見かけの光合成速度＋呼吸速度
> 光の強さ ｛ 光補償点以下…呼吸速度＞光合成速度
> 　　　　　 光補償点………呼吸速度＝光合成速度
> 　　　　　 光補償点以上…呼吸速度＜光合成速度

2 陽生植物と陰生植物

■ **陽生植物と陰生植物** 植物の光補償点は種によってちがっており，光補償点のちがいにより次の2つに分けられる。

陽生植物…光補償点が高く，光の強い日なたで生育する植物。
  例 ススキ，トマトなどの多くの農作物，アカマツ・シラカンバ(陽樹)

陰生植物…光補償点が低く，光の弱い日かげでも生育できる植物。
  例 コケ植物，シダ植物，アオキ・シイ・カシ(陰樹)

■ **陽葉と陰葉** 1本の樹木でも，強い光が当たる所にある葉は，柵状組織(⇒p.18)が発達した厚い葉になる。これを**陽葉**という。一方，日当たりの悪い北側や樹木の内部にある薄い葉を**陰葉**という。陽葉と陰葉の関係は，陽生植物と陰生植物の関係に似ている。

ポイント

	呼吸速度	光補償点	光飽和点
陽生植物(陽葉)	大きい	高い	高い[1]
陰生植物(陰葉)	小さい	低い	低い

3 陽樹と陰樹

■ **陽樹** アカマツやシラカンバなど，陽生植物の性質をもつ樹木を**陽樹**といい，日なたでの生育が早い。陽樹は耐陰性が低く，光が届きにくい林床などの光が弱い場所では，陽樹の幼木は生育できない。

■ **陰樹** アオキ，シイ，カシなど，陰生植物の性質をもつ樹木を**陰樹**といい，日なたでは陽樹よりも生育が遅い。陰樹は耐陰性が高く，光が届きにくい林床でも，陰樹の幼木は生育できる。

ポイント
陽樹…陽生植物の性質をもつ。日なたでよく育つが，林床では生育できない。
陰樹…陰生植物の性質をもつ。光が弱い環境に強く，林床でも生育できる。

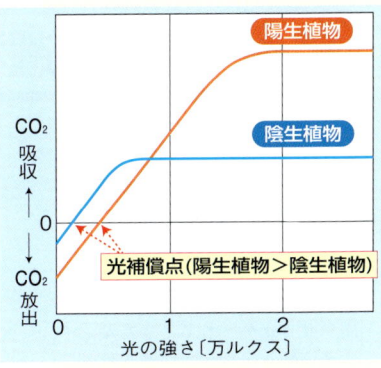

図9. 陽生植物と陰生植物の光—光合成曲線

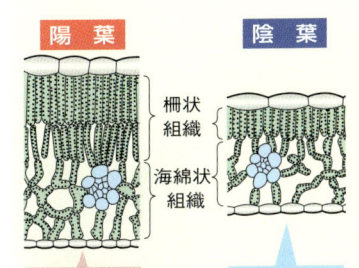

図10. 陽葉と陰葉のちがい

1. 陽生植物の日なたでの生育
光飽和点が高い陽生植物は，光が強い環境では，光合成量が多い。つまり，日なたでは，陽生植物は陰生植物よりもよく生育する。

2. 耐陰性
光が弱い環境に耐えられる性質。
光補償点が高い陽生植物は光が弱い環境では生育できないため，耐陰性が低い。
逆に，光補償点が低い陰生植物は光が弱い環境でも生育できるため，耐陰性が高い。

3 植生の遷移

⚫ 1. 乾性遷移(一次遷移)
ふつう,次のように遷移する。
裸地・荒原→草原→低木林→陽樹林→混交林→陰樹林(極相林)

⚫ 2. 湿性遷移
川がせき止められてできた湖沼や,栄養塩類などの少ない貧栄養湖では,次のように遷移する。
貧栄養湖→周囲から塩類などの流入→富栄養湖→土砂や堆積物で浅くなる→湿原→低木林→陽樹林→混交林→陰樹林(極相林)

参考 遷移と種子の散布型
荒原や草原(遷移初期)

風散布型
ススキ,アカマツ,カエデなど
↓
陽樹の低木

動物散布型
ヤマザクラ,モチノキなど
↓
陰樹(遷移後期)

重力散布型
アラカシ,スダジイなど

ススキ
モチノキ
アラカシ

■ 植物の存在しない裸地から,一定の方向性をもって植生が移り変わる現象を**遷移(植生遷移)**という。

1 植生は遷移する

■ **遷移** ある場所の植生が,**長い時間をかけて一定の方向性をもって変化していく現象を遷移(植生遷移)**という。
■ **遷移の種類** 遷移のうち,**陸地から始まるものを乾性遷移**❶,**湖沼から始まるものを湿性遷移**❷という。
■ **一次遷移と二次遷移** 乾性遷移の中で,**溶岩流跡地や大規模な山崩れなどの跡地から始まるものを一次遷移**,山火事跡や大規模な森林伐採跡から始まるものを**二次遷移**という。

2 一次遷移のモデルとしくみ

■ **裸地・荒原** 溶岩などで覆われた**裸地**は,土壌がなく保水力や栄養塩類に乏しい。ここにまず,**強光や乾燥に強い草本のススキやイタドリ**などの**先駆植物(パイオニア植物)**が侵入する。場所によって地衣類(⇒p.103)やコケ植物の場合もある。

やがて先駆植物がパッチ状(モザイク状)に侵入した**荒原**となる。岩石の風化に伴って保水力も高まり,**先駆植物の枯死体などで養分を含む土壌が形成され始める**。
■ **草原** パッチ状の植生の面積が増して**ススキ**などの**草原**となる。これらの草本植物の枯死体や落葉の分解で生じた有機物で土壌の形成がさらに進む。

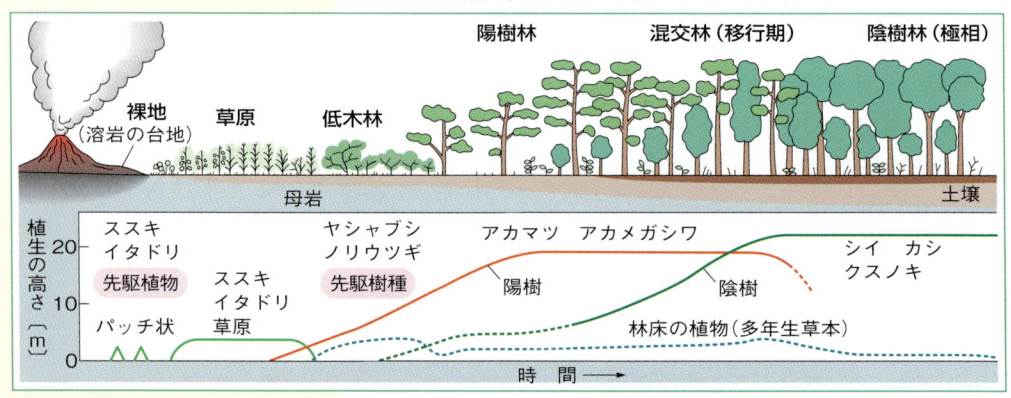

図11. 植生の遷移

■ **低木林** 耐陰性は低いが強光や乾燥に強い**陽樹**の種子が，鳥類や風などに運ばれ，これが発芽・成長して**低木林**が形成される。これらを**先駆樹種(先駆種)**といい，ヤシャブシ，ハンノキ，ヤマツツジ，アカマツなどがある。

■ **陽樹林** 先駆樹種のアカマツなどの陽樹は，成長が速く，やがて**陽樹林**を形成する。しかし，**陽樹林の林床はやや暗いため，耐陰性の低い陽樹の芽生えは生育できなく**なる。この林床でも重力散布型で大形の種子をもち，**耐陰性の高いシイやカシなどの陰樹**の芽生えが生育する。

■ **陽樹から陰樹へ(移行期)** やがて陽樹と陰樹が混じる**混交林**となる。林冠を構成していた先駆樹種の陽樹が寿命や台風で倒れると，**極相樹種(極相種)**である**陰樹**が林冠をつくるようになり，陽樹から陰樹への樹種の交代が起こる。これを移行期という。

■ **陰樹林** 陰樹の幼木は暗い森林の林床でも育つので陰樹林は安定して続く。この安定した状態を**極相(クライマックス)**といい，極相に達した森林を**極相林**という。

■ **ギャップ** 極相林の林冠を構成している陰樹が台風などで倒れるなどの攪乱が起こると，林床に光が届くようになる。この部分を**ギャップ**という。ギャップの部分では**陽樹が生育して林冠まで達する**ことがある。ギャップは次々とできるので，極相林でもさまざまな樹種が**モザイク状**に入り混じって多様性を維持する。

■ **先駆樹種と極相樹種** 遷移の初期に現れる**先駆樹種は乾燥に強く，成長も速く，種子の散布力に優れているが，比較的寿命が短く，耐陰性に劣る傾向がある。これに対して，極相樹種は，成長は遅いが寿命は長く，大きく育つ。**

> **ポイント** 〔照葉樹林の一次遷移〕
> 裸地・荒原 ─→ 草原 ─→ 低木林 ─→ 陽樹林
> ─→ 混交林 ─→ 陰樹林(極相林)

③ 二次遷移

■ **二次遷移** 森林の大規模な伐採や山火事などの跡地から始まる遷移を**二次遷移**という。

■ **遷移の速度** 土壌がすでに存在し，地中に埋もれた種子(埋没種子)や根・地下茎・切り株から芽が出るなどするため，**植生は短時間で回復する。**

❀ **3. 先駆樹種の環境形成作用**
先駆樹種が生育すると，林内の湿度は高く保たれるようになり，気温変動も少なくなる。そのため生息する動物の種類もふえる。このように，生物が環境に及ぼす影響を，環境形成作用という。

❀ **4. 先駆樹種と極相樹種**

	先駆樹種	極相樹種
耐乾性	強 い	弱 い
耐陰性	弱 い	強 い
初期の成長	速 い	遅 い
寿命	短 い	長 い
散布	風散布型 動物散布型	重力散布型

❀ **5. 極相林と動物**
植生遷移が，草原→低木林→陽樹林へと進むにつれて，動物の種類も増加する傾向にある。有機物の供給量もふえるので土壌動物や土壌微生物なども変化し，個体数・生物量ともにふえる。極相林に達すると樹種が減少するので，動物種はやや減少する。

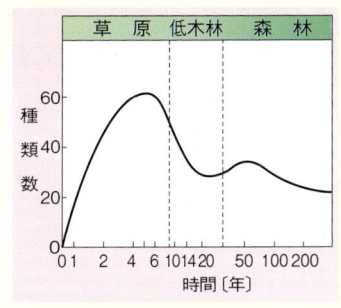

図12. 遷移と植物種の変化

❀ **6. 極相林内の二次遷移**
ギャップができたときには小規模な二次遷移が起こり，極相林の一部が更新される。これを**ギャップ更新**という。

1章 植生とその移り変わり

4 気候とバイオーム

✿1. 森林が形成されるには年間降水量が1000mm程度以上, 草原は200mm程度以上が必要である。

図13. 熱帯多雨林(マレーシア)

✿2. サバンナはアフリカの熱帯草原で, イネ科の草本中に低木が散在する。ブラジルではカンポと呼ばれる。

図14. サバンナ(ケニア)

✿3. ステップは中央アジアの温帯草原で, 北米ではプレーリー, 南米ではパンパと呼ばれる。

図15. ステップ(モンゴル)

■ 気候はおもに気温と年間降水量によって決まる。気候とバイオームとの関係について調べてみよう。

1 気候とバイオーム

■ **バイオーム** その地域の植生およびそこに生息する動物を含めた生物のまとまりを**バイオーム(生物群系)**という。

■ **気候とバイオーム** 世界の陸上のバイオームは気候条件(**降水量, 気温**)と対応している。降水量が十分な地域では**森林**が分布し, 少なくなると**草原**, そして**荒原**が分布する。

■ **気温とバイオームの分布** 森林のバイオームは気温により異なる。気温の高い地域から低い地域にかけて順に, **熱帯多雨林, 亜熱帯多雨林, 照葉樹林, 夏緑樹林, 針葉樹林**が分布する。また, 草原も同様に熱帯地域では**サバンナ**, 温帯地域では**ステップ**となる。

> **ポイント**
> バイオームは気温と降水量で決まる。
> 〔降水量〕(多雨)森林 ⇔ 草原 ⇔ 砂漠(小雨)
> 〔気 温〕降水量が十分あるとき
> 熱帯多雨林 ⇔ 亜熱帯多雨林 ⇔ 照葉樹林 ⇔ 夏緑樹林 ⇔ 針葉樹林
> (高温) ←――――――――――→ (冷涼)

図16. 気候・降水量とバイオームの関係

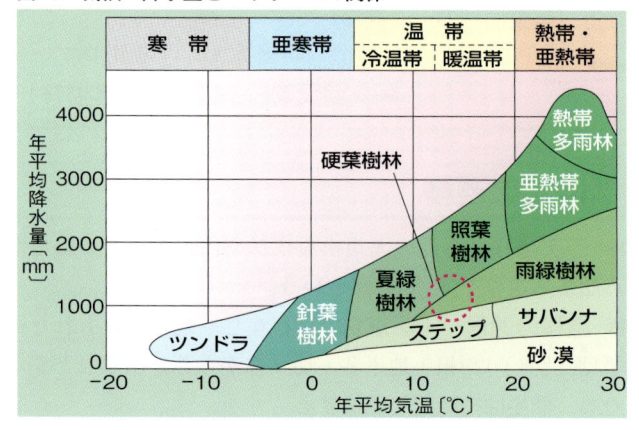

２ 世界のおもなバイオーム

- **熱帯多雨林・亜熱帯多雨林**　多雨の熱帯や亜熱帯に分布し，ラワン，フタバガキなど常緑広葉の高木が優占。着生植物やつる植物，気根をもつ植物などが特徴的に見られる。海岸付近の低湿地にはヒルギの仲間がマングローブ林を形成。
- **雨緑樹林**　雨季と乾季のある熱帯や亜熱帯に分布。チークなど乾季に落葉する広葉樹が優占。
- **硬葉樹林**　夏に乾燥・冬に多雨の温帯(地中海性気候)地域に分布。オリーブ，コルクガシなど硬くて小さい葉をつける常緑広葉樹が優占。
- **照葉樹林**　多雨の暖温帯に分布。シイ，クスノキなど光沢のある葉をもつ常緑広葉樹が優占。
- **夏緑樹林**　多雨の冷温帯に分布。ブナ，カエデなど冬季に落葉する広葉樹が優占。
- **針葉樹林**　亜寒帯に分布。トドマツ，シラビソなどの針葉樹が森林(タイガ)を形成。
- **サバンナ(熱帯草原)**　少雨の熱帯・亜熱帯に見られる。草本が主で少数の木本がまばらに分布。
- **ステップ(温帯草原)**　少雨の温帯地域に見られる草原。
- **砂漠**　極端に乾燥した熱帯〜温帯に分布。多肉植物がまばらに見られるか，植物はほとんど存在しない。
- **ツンドラ(寒地荒原)**　寒帯地域に見られる。低木・亜低木が見られることもあるがおもには地衣類・コケ植物。

4. 着生植物
土壌以外のもの(樹木や岩肌など)に根を付着させて生育する植物を，着生植物という。

図17. チーク　　図18. オリーブ畑(ギリシャ)

図19. 針葉樹林(カナダ)

5. 地衣類
菌類と藻類の共生体で，チズゴケ，ウメノキゴケ，リトマスゴケなど，「〜ゴケ」と呼ばれるものが多い。

図20. 世界のバイオームの分布

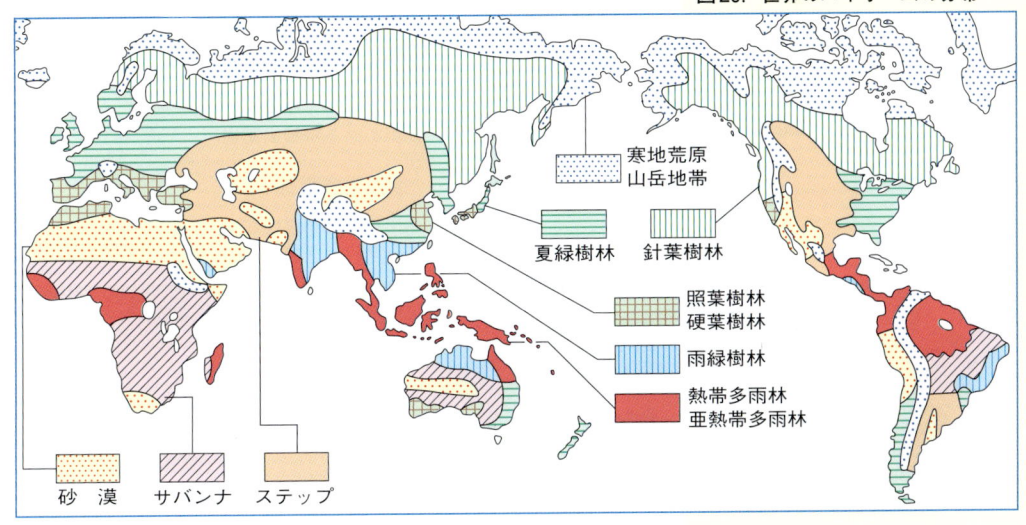

1章　植生とその移り変わり

5 日本のバイオーム

日本列島は降水量が多いため，全体で森林のバイオームが成立するが，気温に応じたバイオームの分布が見られる。

1 水平分布って何？

水平分布 日本付近では，同じ標高で比べた場合，気温はおもに緯度によって決まってくるので，**緯度のちがいによってバイオームが移り変わる水平分布**が見られる。

日本列島の水平分布 日本は高山などを除いて森林が極相となっている。南北に長い日本列島では，南から北にかけて森林のバイオームが大きく異なり，南から**亜熱帯多雨林，照葉樹林，夏緑樹林，針葉樹林**が分布している。

✿1. 緯度に沿って帯状に移動すると，約100kmごとに気温が1℃低下すると言われている。

✿2. 低緯度から順に，森林ならば，熱帯多雨林→亜熱帯多雨林→照葉樹林→夏緑樹林→針葉樹林 と移り変わる。また，草原ならば，サバンナ→ステップ と移り変わる。

ポイント 〔日本のバイオーム（水平分布）〕
亜熱帯多雨林 ⇔ 照葉樹林 ⇔ 夏緑樹林 ⇔ 針葉樹林
（南）亜熱帯　　暖温帯　　冷温帯　　亜寒帯（北）

図21. 日本のバイオームの水平分布

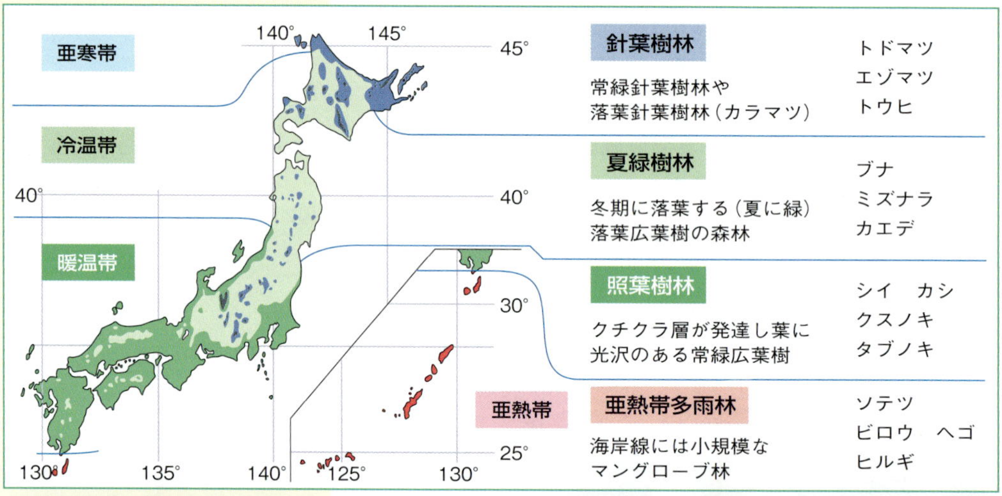

帯	バイオーム	特徴	代表種
亜寒帯	針葉樹林	常緑針葉樹林や落葉針葉樹林（カラマツ）	トドマツ、エゾマツ、トウヒ
冷温帯	夏緑樹林	冬期に落葉する（夏に緑）落葉広葉樹の森林	ブナ、ミズナラ、カエデ
暖温帯	照葉樹林	クチクラ層が発達し葉に光沢のある常緑広葉樹	シイ、カシ、クスノキ、タブノキ
亜熱帯	亜熱帯多雨林	海岸線には小規模なマングローブ林	ソテツ、ビロウ、ヘゴ、ヒルギ

図22. 夏緑樹林（秋田県八幡平10月） 　図23. 照葉樹林（宮崎県5月） 　図24. マングローブ林（宮古島）

2 垂直分布って何？

■ **垂直分布**　同じ緯度でも標高が高いと気温が低下する。本州中部地方では，標高が1000m高くなるごとに5〜6℃低下し，次のような**垂直分布**が見られる。

垂直分布	特徴	おもな植物
高山帯 2500 m以上	高山植物（お花畑）や低木。水平分布の寒帯に相当。	コマクサ ハイマツ
亜高山帯 1700〜2500 m	針葉樹林が発達し夏緑樹林も混在。亜寒帯に相当。	オオシラビソ コメツガ
山地帯 700〜1700 m	夏緑樹林が発達。低山帯ともいう。	ブナ，ミズナラ，ダケカンバ
丘陵帯 標高700 m以下	照葉樹林が発達。低地帯ともいう。	シイ，カシ，クスノキ

■ **森林限界**　**森林限界**とは高木が生育できる上限で，亜高山帯と高山帯の境になる。●3

ポイント
〔日本のバイオーム（垂直分布）〕
（低）丘陵帯 ⇔ 山地帯 ⇔ 亜高山帯 ⇔ 高山帯（高）
　　　　　　　　　　　　　　森林限界↑

■ **水平分布と垂直分布の関連**　日本付近では，水平分布も垂直分布も，いずれも気温による分布のため，低緯度地方と標高が低い場所，高緯度地方と高山帯とは，それぞれ見られるバイオームは対応している。

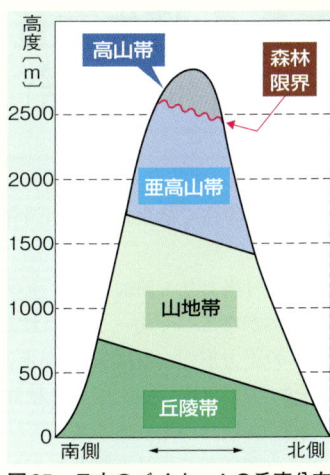

図25. 日本のバイオームの垂直分布（本州中部）

図26. ハイマツ（岐阜県乗鞍岳）

●3. 中部地方では，森林限界はおよそ2500 m付近である。

図27. 高度・緯度と生態分布

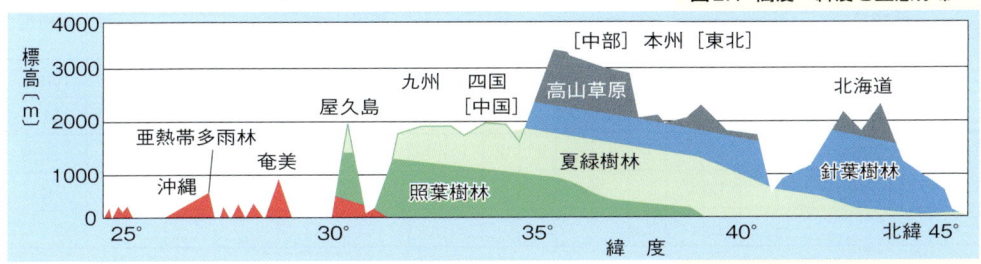

ポイント
〔日本のバイオーム（中部地方の垂直分布）〕

気候帯	寒帯	亜寒帯	冷温帯	暖温帯	亜熱帯
水平分布	（なし）	針葉樹林	夏緑樹林	照葉樹林	亜熱帯多雨林
垂直分布	高山帯	亜高山帯	山地帯	丘陵帯	（なし）

1章　植生とその移り変わり

重要実験 植生調査〔方形枠法〕

森林の植生調査では調査区の1辺は10mあるいは最も高い木の高さより長い大きさをとるよ。

方法

方形枠法で植生(草原)の調査をし、優占種を求める。

1. 日当たり・斜面方向・土壌などの環境や植生がなるべく均一と思われる場所に1辺1mの正方形の方形区を10か所設定する。
2. 方形区内に生えている植物名を調べる。
3. 各植物が地表面を覆っている度合い(被度)を調べてその被度階級を記録する。
4. 各植物について、各方形区における被度の合計を求める。この際、被度1′は0.2、被度+は0.04に換算する。
5. 4が最も高い植物の値を100%として、各植物の被度%(相対被度)を求める。
6. 各植物について調査区中出現した方形区の数(頻度)を調べ、最も高い値の植物の頻度を100%として頻度%(相対頻度)を求める。
7. 5と6の平均を求め、これをその植物の優占度とする。この優占度が最大となる植物種がこの植生の優占種となる。

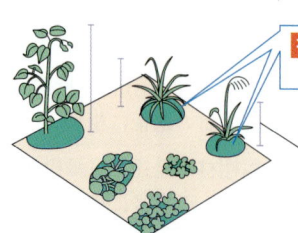

被度 植物が地面を覆う面積の割合

草高も測定しておく。草高は最も高い葉の自然な状態の高さ。

被度階級

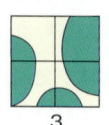

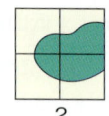

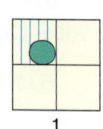

$4\ \left(\dfrac{4}{4}\sim\dfrac{3}{4}\right)$　$3\ \left(\dfrac{3}{4}\sim\dfrac{1}{2}\right)$　$2\ \left(\dfrac{1}{2}\sim\dfrac{1}{4}\right)$　$1\ \left(\dfrac{1}{4}\sim\dfrac{1}{20}\right)$

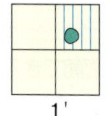

$1'\ \left(\dfrac{1}{20}\sim\dfrac{1}{100}\right)$　$+\ \left(\dfrac{1}{100}以下\right)$

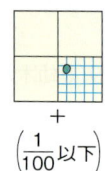

被度を計算するときの値は、

被度階級
4→4.0　1→1.0
3→3.0　1′→0.2
2→2.0　+→0.04

結果

●測定結果は次の表のようになった。

植物名	各調査区の被度											頻度	被度合計	被度%	頻度%	優占度
	1	2	3	4	5	6	7	8	9	10					
メヒシバ	4	3	3	4	4	2	4	3	4	2	10	33	100	100	100
スズメノカタビラ	1	2	1			2	2	1		2	7	11	a	70	51.7
シロツメクサ		1′			1			2	1	1	5	5.2	15.8	b	32.9
オオバコ		1					+		1′		3	1.24	3.8	30	c
⋮															

考察

1. なぜ10個の方形枠を設定するのか。 → 植生内の平均的な構成を求めるため。
2. 表中a～cに適する値を入れよ。 → a…33.3　b…50　c…16.9
3. この調査区で被度が最も高い植物は何か。 → メヒシバ
4. 優占種は何か。 → メヒシバ
5. この植生の名称を付けよ。 → メヒシバ草原

テスト直前チェック　定期テストにかならず役立つ！

1. ☐ 植生を構成する植物の中で，丈も高く地表面を最も広く覆っている種は何か？
2. ☐ 植生全体を眺めたときの外観を何という？
3. ☐ 高さによって異なる樹木がその空間を占める，森林内の構造を何という？
4. ☐ 森林の最上部を覆う，茂った葉のつながった部分を何という？
5. ☐ 森林内の地表面に近いところを何という？
6. ☐ 植生を，光合成による有機物の合成を中心として見たとき，その構造を何という？
7. ☐ 見かけ上の二酸化炭素の出入りが無くなる光の強さを何という？
8. ☐ 強い光のもとで光合成量の多い植物を何という？
9. ☐ 植生が一定の方向性をもって移り変わっていくことを何という？
10. ☐ 溶岩流の跡など，植物が存在しない裸地から始まる植生の移り変わりを何という？
11. ☐ 植生の移り変わりの初期に，裸地に侵入する植物を何という？
12. ☐ 植生の移り変わりが進行してほとんど変化しなくなり，安定した状態を何という？
13. ☐ 森林の内部の林床で幼木が生育できるのは，陽樹と陰樹のどちらか？
14. ☐ 台風による倒木などにより，極相林の林冠を欠く場所を何という？
15. ☐ 相観で決まる植生とそこに生息する動物を含めた生物のまとまりを何という？
16. ☐ 1年を通して，高温で雨の多い地域にできるバイオームは何か？
17. ☐ 降水量の少ない熱帯・亜熱帯地域に見られるバイオームは何か？
18. ☐ 日本列島で見られるおもな4つのバイオームは何か？
19. ☐ 緯度の変化に応じた水平方向のバイオームの分布を何という？
20. ☐ 標高によるバイオームの分布を何という？
21. ☐ 高木が見られる標高の上限を何という？
22. ☐ 日本の中部地方の山で，オオシラビソやコメツガが見られるのは何帯か？
23. ☐ 日本の中部地方の山で，標高700m以下の地帯に見られるバイオームは何か？

解答

1. 優占種
2. 相観
3. 階層構造
4. 林冠
5. 林床
6. 生産構造
7. 光補償点
8. 陽生植物
9. 遷移（植生遷移）
10. 一次遷移
11. 先駆植物（パイオニア植物）
12. 極相（クライマックス）
13. 陰樹
14. ギャップ
15. バイオーム（生物群系）
16. 熱帯多雨林
17. サバンナ
18. 亜熱帯多雨林，照葉樹林，夏緑樹林，針葉樹林
19. 水平分布
20. 垂直分布
21. 森林限界
22. 亜高山帯
23. 照葉樹林

定期テスト予想問題　解答→p.138~139

1 植生調査

植生を調査するため調査地に入ると，①一見して草原であることがわかったので，②一辺1mの正方形の調査区を10か所つくって，その枠内に生えている植物の種類や，その③植物が地表面を覆っている度合い，④全調査区のうちその植物がどれくらいの割合で現れるかを調べた。次の(1)~(5)をそれぞれ何というか。
(1) 下線部①のような植生の外観。
(2) 下線部②のような方法で行う植生調査法。
(3) 下線部③の度合い。
(4) 下線部④の割合。
(5) (3)，(4)などで最も高い値を示し，植生を代表する植物種。

2 森林の階層構造

右の図は，日本のある地方の極相となった自然林の垂直的な変化を示したものである。各問いに答えよ。 
(1) 図中のa~dの層をそれぞれ何というか。
(2) 次のア~カの植物はそれぞれa~dのどの層で優占しているか。
　ア　ヒサカキ　　イ　タブノキ
　ウ　ネズミモチ　エ　スダジイ
　オ　ベニシダ　　カ　ヤブツバキ
(3) cとdを合わせた部分を何というか。

3 いろいろな植生

次の①~⑤の植生をそれぞれ何というか。
① 降水量が極端に少ない乾燥した地域に見られる植生。
② 熱帯・亜熱帯で降水量が少なく，樹木がほとんど生育できない地域に見られる植生。
③ 降水量が多い地域に見られる樹木を主とする植生。
④ 極端に気温が低い地域に見られる植生。
⑤ 温帯地域で降水量が少ないために，樹木が生育できない地域に見られる植生。

4 広葉型とイネ科型のちがい

アカザとチカラシバの植生について，次のような調査を行った。各問いに答えよ。

調査　アカザとチカラシバの植生について，それぞれ一定区域を設定した。それぞれの区域内に生育している植物を等間隔の高さに分けて，上から層別に刈り取り，各層について同化器官と非同化器官の乾燥重量を測定した。測定結果をまとめると，下の図のようになった。

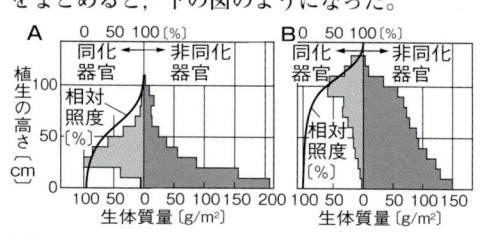

(1) このような調べ方を何というか。
(2) 上のような図を何と呼ぶか。
(3) チカラシバの植生を示しているのはA，Bのどちらか。
(4) AとBでは，どちらのほうが物質生産の効率がよいか。

5 植物の成長と光

右の図は，2種類の植物の光の強さと光合成速度の関係を示したものである。各問いに答えよ。 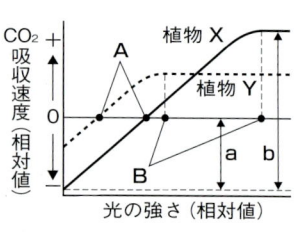
(1) A，Bの光の強さを，それぞれ何というか。
(2) a，bの量はそれぞれ何を示しているか。

(3) 強い光のもとで生育速度が速いのは植物X，Yのどちらか。
(4) アラカシ林の林床のような薄暗いところでも生育が可能なのは植物X，Yのどちらか。
(5) X，Yのような植物は，何と呼ばれるか。

6 植生の遷移

下の図は，溶岩台地に見られる植生の遷移を示したものである。各問いに答えよ。

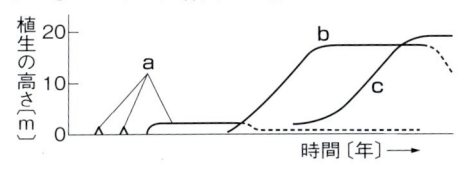

(1) 図中のa～cはそれぞれ何を示すか。
(2) 下のア～キの植物は，それぞれa～cのどこで優占するか。
　ア　カシ　　イ　アカマツ
　ウ　ノリウツギ　エ　イタドリ
　オ　シイ　　カ　ススキ　キ　ヤシャブシ
(3) 図中のa，cの種子の散布形態はそれぞれ次のどれに該当するか。
　ア　重力散布型　イ　動物散布型
　ウ　風散布型
(4) 森林の伐採などによってできた更地から始まる遷移を何というか。

7 遷移のしくみ

次の文章を読み，各問いに答えよ。
①溶岩流跡地などは土壌がなく保水力や栄養塩類に乏しい。このような土地に，②強光や乾燥に強い草本植物やコケ植物・地衣類などがパッチ状に侵入する。これらの草本が面積を増して③草本植物が優占する植生となる。ここに風や動物によって④強光や乾燥に強い木本が侵入し，低木林を形成する。やがて，これらは生育して⑤森林となる。この林床は暗くなるので，耐陰性の低い④の幼木は育たないが，耐陰性の高い樹木の幼木は生育できるため，混交林の移行期を経て⑥耐陰性の高い樹木の極相林へと遷移する。極相に達した後も，⑦台風などによる倒木で林冠の一部が空いて林床に光が届く場所ができると，④が林冠まで育つ。

(1) 下線部①のような土地を何というか。
(2) 下線部②のような植物を何というか。
(3) 下線部③の植生を何というか。
(4) 下線部④のような樹木のことを何というか。
(5) 下線部⑤，⑥の森林を何というか。
(6) 下線部⑦のような場所を何というか。

8 気候とバイオーム

下の図は，バイオームと気候の関係を示したものである。各問いに答えよ。

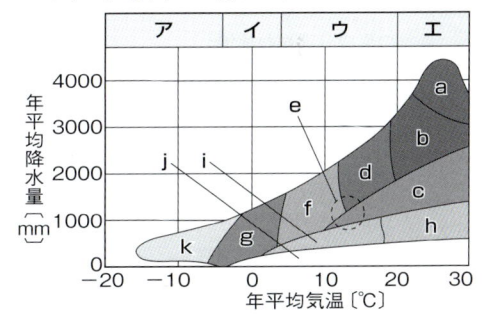

(1) ア～エの気候帯の名称を答えよ。
(2) a～kのバイオームの名称を答えよ。

9 日本のバイオーム

次の図は日本のバイオームを示したものである。各問いに答えよ。

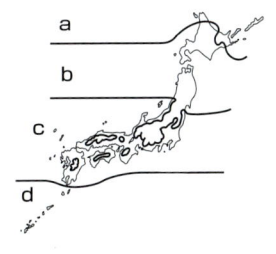

(1) 日本列島においてこのような分布が見られる主要な環境要因を1つ答えよ。
(2) a～dのバイオームの名称を答えよ。
(3) a～dでの優占種を2つずつ答えよ。

2章 生態系とその保全

1 生態系

地球上にはいろいろな生態系が存在する。生態系の構造や生態系内の生物どうしの関係について学習しよう。

1 生態系は何から成り立つか？

■ **生態系の構造**　ある地域で生きるすべての**生物とその周囲の非生物的環境を合わせて生態系**という。生物は、生態系内の役割により**生産者・消費者・分解者**に分けられる。

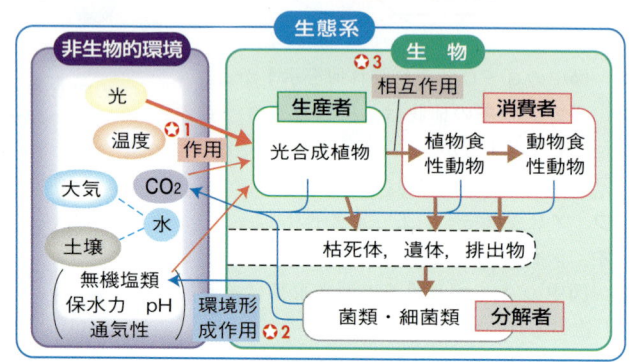

図1. 生態系の構造

■ **生産者**　**緑色植物**や**藻類**、**化学合成細菌**など光合成や化学合成によって、無機物から有機物をつくる能力をもつ独立栄養生物を**生産者**という。

■ **消費者**　生産者がつくった有機物を直接または間接的に取り込んで栄養源とし、これを分解してエネルギーを得る従属栄養生物を**消費者**という。消費者は植物食性の**一次消費者**、一次消費者を食べる動物食性の**二次消費者**、さらにそれらを食べる**三次消費者**などに分けられる。

■ **分解者**　**細菌類**や**菌類**など動植物の遺体・排出物を分解してエネルギーを得る従属栄養生物を**分解者**という。分解者は有機物を無機物に変えて生態系にもどしている。

> **ポイント**
> 生態系＝生物＋非生物的環境
> 生態系の生物＝生産者＋消費者＋分解者

❖1. 作用
非生物的環境から生物への働きかけを**作用**という。

❖2. 環境形成作用
生物から非生物的環境への働きかけを**環境形成作用**という。作用との対応から、**反作用**ということもある。
囲 森林の形成→湿潤な環境

❖3. 相互作用 発展
生物どうしの働き合いを**相互作用**という。

❖4. 藻類
光合成をする生物のうち、植物を除いたものを総称して**藻類**という。植物プランクトンの多くや海藻なども藻類に含まれる。

❖5. 化学合成細菌
無機化合物の酸化のエネルギーで炭酸同化を行っている細菌を**化学合成細菌**という。

❖6. 高次消費者
三次以上の消費者を**高次消費者**という。高次の消費者はすぐ下の段階の消費者を食べるだけでなく、一次、二次の消費者を食物とすることもある。

❖7. 消費者は、生産者がつくった有機物を分解して無機物に変えるので、分解者であるともいえる。

2 食う-食われるのつながり

■ **食物連鎖** 食われるもの（被食者）と食うもの（捕食者）の関係は，生産者から高次消費者まで一連のつながりを見せるので，これを**食物連鎖**という。実際の食物連鎖は複雑な網目状に結ばれており，これを**食物網**という。

図2．森林に見られる食物網

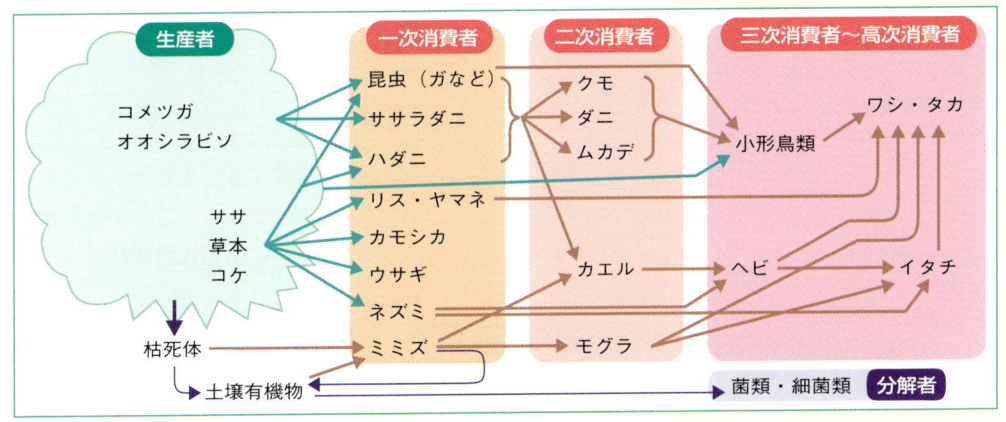

生産者	一次消費者	二次消費者	三次消費者～高次消費者
コメツガ オオシラビソ ササ 草本 コケ	昆虫（ガなど） ササラダニ ハダニ リス・ヤマネ カモシカ ウサギ ネズミ ミミズ	クモ ダニ ムカデ カエル モグラ	小形鳥類 ワシ・タカ ヘビ イタチ
枯死体 → 土壌有機物			菌類・細菌類　**分解者**

> **ポイント** 食物連鎖は複雑に関連しあっている＝**食物網**

■ **生態ピラミッド** 生産者から始まる食物連鎖の各段階を**栄養段階**という。各栄養段階の値を順に積み重ねたグラフを**生態ピラミッド**といい，次の3つがある。通常はどれも，栄養段階が上になるほど少なくなる。

- **個体数ピラミッド**…各栄養段階を個体数で比較。
- **生物量ピラミッド**…生物量（個体の重量×個体数）で比較。
- **発展 生産力ピラミッド**…一定期間の生物生産量で比較。

○8. **逆ピラミッド**
個体数ピラミッドは寄生関係などでは大小が逆転する場合がある。
例 樹木とその葉を食べる昆虫

○9. 生産力とは，単位時間・単位面積あたりの生産量をエネルギー量で示したもの。

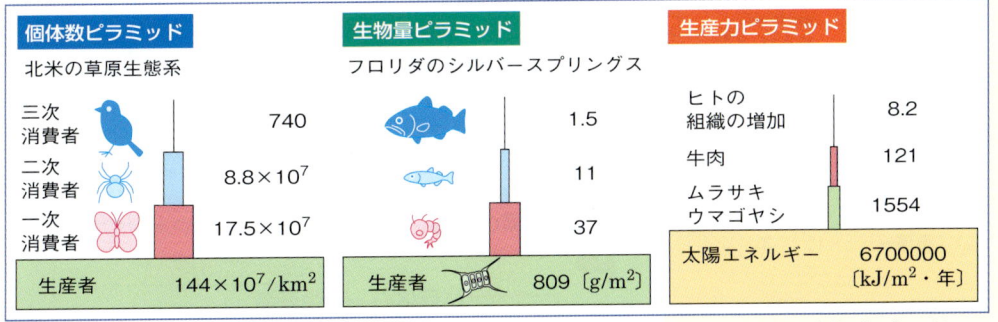

個体数ピラミッド　北米の草原生態系
- 三次消費者　740
- 二次消費者　8.8×10^7
- 一次消費者　17.5×10^7
- 生産者　$144 \times 10^7 /km^2$

生物量ピラミッド　フロリダのシルバースプリングス
- 三次消費者　1.5
- 二次消費者　11
- 一次消費者　37
- 生産者　809 〔g/m²〕

生産力ピラミッド
- ヒトの組織の増加　8.2
- 牛肉　121
- ムラサキウマゴヤシ　1554
- 太陽エネルギー　6700000 〔kJ/m²・年〕

図3．3種類の生態ピラミッド

> **ポイント** **生態ピラミッド**…個体数ピラミッド・生物量ピラミッド・生産力ピラミッド

2章　生態系とその保全

2 物質循環とエネルギー

生物の活動に伴い，**炭素**，**窒素**，**水**といった物質は生物と非生物的環境との間を移動し，循環している。これを**物質循環**という。それに伴って起こる**エネルギーの流れ**と合わせて学ぼう。

✦1. 地表全体には 約$4.3×10^{13}$tの炭素が，二酸化炭素・メタンガス・炭酸塩・有機物などとして存在する。その約93％は海洋，約5％は陸上，約2％は空気中（約0.04％含まれる）に存在している。

✦2. 化石燃料
石炭や石油，天然ガスなど，大昔の生物の遺体が地中に堆積し，燃料として使える状態になったものを化石燃料という。

✦3. 石灰岩
石灰岩は水に溶けていた炭酸カルシウムが沈殿してできるほか，サンゴや貝類などの殻が堆積することで生成される。

1 炭素は循環する

■ **炭素の取り込み**　生体を構成する炭素Cは，もともと大気や海水中の二酸化炭素（CO_2）である。これが緑色植物や植物プランクトンなどの**生産者による光合成**によって生体に取り込まれて**有機物**に変えられる。

■ **炭素の循環経路**　生産者の**光合成**によって生体に取り込まれたCは有機物となり，**食物連鎖を通じてしだいに高次の栄養段階へと移行する**。そして最終的には生産者や消費者の**呼吸**によって分解されたり，植物の枯死体や動物の遺体・排出物が**分解者**の**呼吸**によって分解され，CO_2となって非生物的環境に放出される。一部は化石燃料や石灰岩としてこの循環の外に閉じ込められる。

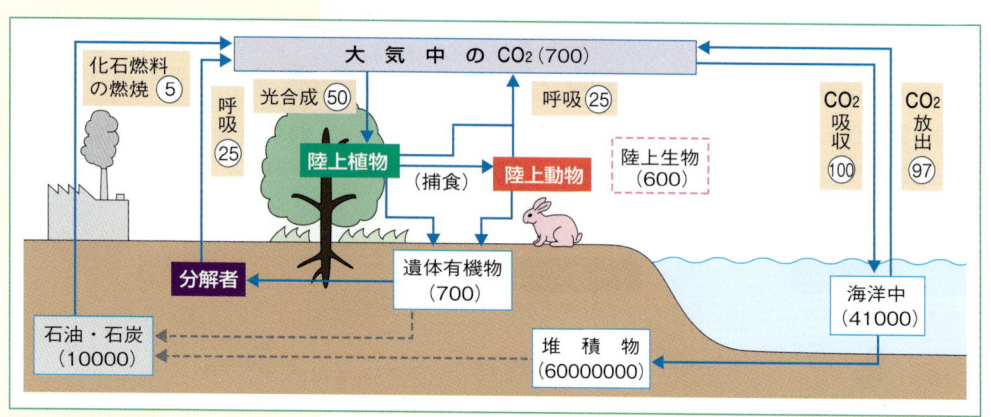

図4. 炭素の循環
（　）内の数値は現存量〔$×10^9$ t〕，
○は循環速度〔$×10^9$ t/年〕

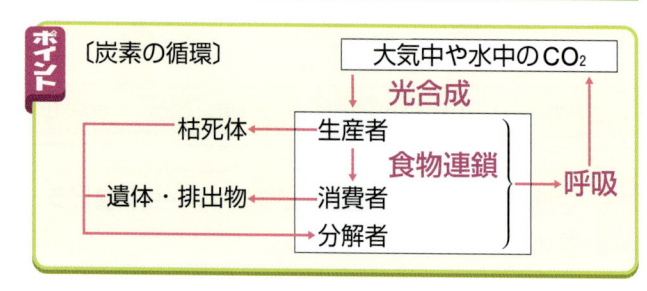

大気中のCO_2（700）
化石燃料の燃焼 ⑤
呼吸 ㉕
光合成 ㊿
呼吸 ㉕
CO_2吸収 ⑩⓪
CO_2放出 ㊾⑦
陸上植物
（捕食）
陸上動物
陸上生物（600）
分解者
遺体有機物（700）
海洋中（41000）
石油・石炭（10000）
堆積物（60000000）

〔ポイント〕〔炭素の循環〕
大気中や水中のCO_2
↓光合成
生産者 →食物連鎖→ 消費者／分解者 →呼吸→
枯死体・遺体・排出物

2 窒素は循環する

■ **窒素固定** 光合成植物のほとんどは，大気の体積の80％を占める窒素N_2を直接利用できない。**シアノバクテリア類**や，**アゾトバクター・クロストリジウム・根粒菌**などの**窒素固定細菌**は，N_2を植物が取り込むことができるアンモニウム塩に還元する**窒素固定**を行う。

■ **硝化** 土中のアンモニウム塩(NH_4^+)は**亜硝酸菌**によって亜硝酸塩(NO_2^-)に，亜硝酸塩は**硝酸菌**によって硝酸塩(NO_3^-)に酸化される。これらの作用を**硝化**という。

■ **窒素同化** 土中のNH_4^+やNO_3^-は，菌類や光合成植物に吸収され，有機酸と結合して生体を構成する**アミノ酸**や**タンパク質・核酸・ATP・クロロフィル**などの有機窒素化合物になる。これを**窒素同化**という。

■ **窒素の循環経路** 窒素同化によって有機窒素化合物となった窒素は**食物連鎖を通じて高次の栄養段階(消費者)に移行する**。枯死体や遺体・排出物中の有機窒素化合物は**分解者**に分解され，NH_4^+となる。土壌中には，硝酸塩をN_2に変えて空気中に放出(**脱窒**)する**脱窒素細菌**もいる。

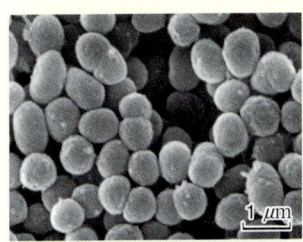

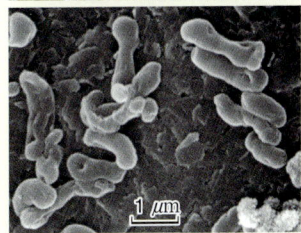

✿4. 根粒菌は**マメ科植物と共生**して窒素固定を行う。

図5. 亜硝酸菌(上)と硝酸菌(下) 硝化を行うこれらの菌を**硝化菌**(硝化細菌)という。

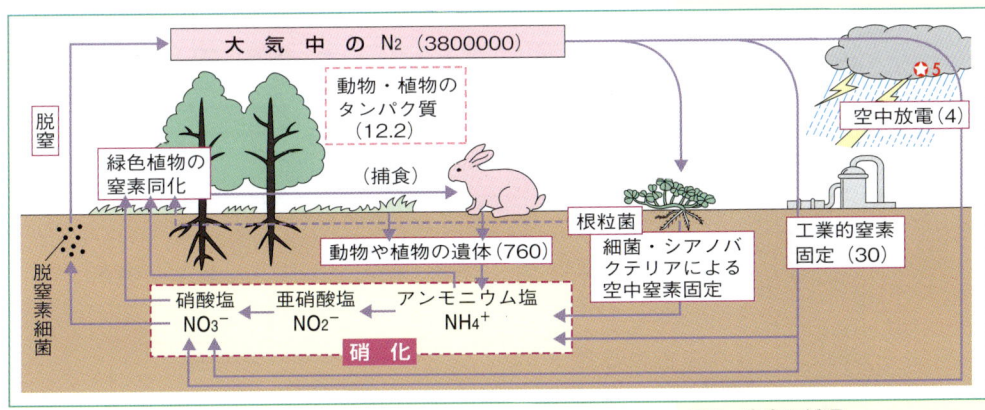

図6. 窒素の循環
( )内の数値は現存量〔$\times 10^9$ t〕

✿5. 雷が発生すると空中放電のエネルギーによって，大気中の窒素から無機窒素化合物ができる。

ポイント〔窒素の循環〕

大気中のN_2
↑脱窒 ↓窒素固定(根粒菌など)
NH_4^+ アンモニウム塩
↓硝化作用(亜硝酸菌・硝酸菌)
NO_3^- 硝酸塩
↓窒素同化(光合成植物)
アミノ酸など有機窒素化合物 — 食物連鎖 死亡・排出 (分解者)

2章 生態系とその保全

3 エネルギーの流れ

■ **エネルギーの変化**　太陽の光エネルギーは生産者の光合成によって有機物がもつ化学エネルギーに変換される。この有機物の化学エネルギーは呼吸によってATPの化学エネルギーに変換され，運動エネルギー（運動・運搬）や化学エネルギー（物質の合成），光エネルギー（発光），電気エネルギー（発電），熱エネルギーなどの形で使われる。これらのエネルギーの変換過程をエネルギー代謝という。

> **ポイント**
> エネルギー代謝…生物によるエネルギーの変換過程。（「光」⇒「化学」，「化学」⇒「熱」など）

■ **生態系とエネルギーの流れ**　生態系のエネルギーの移動は太陽の光エネルギーを起点とし，生産者によって有機物の化学エネルギーとして生物に取り込まれ，食物連鎖を通じて各栄養段階の生物に利用される。また，枯死体や遺体・排出物を通して分解者へも移される。これらすべてのエネルギーは最終的に熱エネルギーとして放出される。エネルギーは物質とは異なり，生態系の中を流れた後は生態系を出ていき，循環しない。

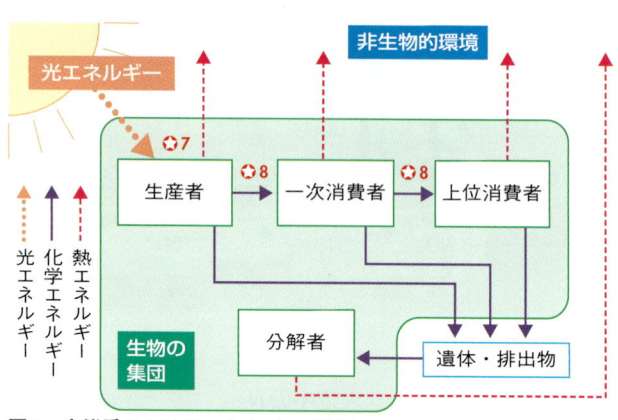

図8．生態系におけるエネルギーの流れ

■ **太陽エネルギーへの依存**　地球上のすべての生物は，太陽からの光エネルギーに依存して生活している。

> **ポイント**
> エネルギーは循環しない。
> （熱エネルギーとして生態系外へ出ていく）

◎**6.** 発展　深海底にある熱水噴出孔の周辺などでは，化学合成細菌（⇒p.110）による化学エネルギーを起点とする食物連鎖およびエネルギーの流れも存在する。

ただし，上層から沈んできた生物の遺体などによる光エネルギー由来の有機物の供給もある。

◎**7. 生産者の移動率**
植物が光合成によって固定するエネルギー量は，植物に吸収される太陽の光エネルギーの1～3％程度である。

◎**8. 栄養段階とエネルギーの移動率**
生産者が固定したエネルギーは食物連鎖を通じて次の栄養段階へと移動する。栄養段階を1段進むごとに利用できるエネルギーの量は10％程度である。栄養段階が高くなるにしたがって移動率は高くなる傾向にある。

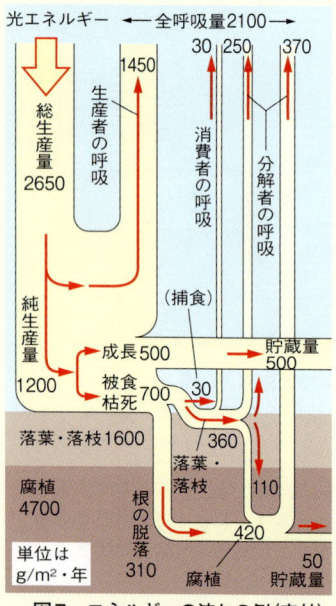

図7．エネルギーの流れの例（森林）
エネルギーの一部は一時的に貯蔵されるが，最終的には生態系外に放出される。

4 生態系の会計 発展

■ **生産者の物質収支** 生産者が生産した有機物は，生産者の呼吸や枯死，被食などで失われ，残りが成長に回る。

- **現存量** 一定の面積内に存在する生物量(生体量)を，その重量やエネルギー量で示したものを**現存量**という。
- **総生産量** 一定の面積(あるいは空間)内で，一定の期間に光合成で生産される有機物の量を**総生産量**という。
- **純生産量** 総生産量から生産者自身の呼吸量を引いたものを**純生産量**といい，**見かけの光合成量に相当する**。

  純生産量＝総生産量－呼吸量

- **生産者の成長量** 生産者が物質生産している間にも，一次消費者による被食(**被食量**)，枯死や落枝(**枯死量**)で一部が失われていき，残りが**成長量**となる。

  成長量＝純生産量－(被食量＋枯死量)

■ **消費者の物質収支** 消費者は生産者や下位の消費者を食べて生活しており，その生産量，成長量は次のようになる。

- **同化量** 消費者の**同化量**は，摂食量から不消化排出物の量を引いたもので，**生産者の総生産量に相当する**。

  同化量＝摂食量－不消化排出量

- **生産量** 消費者の**生産量**は同化量から呼吸による消費量を引いたもので，**生産者の純生産量に相当する**。

  生産量＝同化量－呼吸量

- **成長量** 生産者と同様，生産量から被食量(上位の栄養段階に捕食される量)と死滅量を引いたものが成長量である。

  成長量＝生産量－(被食量＋死滅量)

✿9. 各栄養段階の呼吸量は，熱エネルギーとして生態系外に放出されるエネルギー量またはそれに相当する有機物の量である。

✿10. 枯死量は，植物の一部(枝・葉・幹など)が枯れ落ちたり，一部の個体が死んだりして失われる量。この枯死量は分解者の呼吸に使用される。

✿11. 不消化排出物とは糞の量である。尿は体内で代謝されているので不消化排出物とはならない。植物食性動物の不消化排出物の量は多く，動物食性動物では少ない。消費者の不消化排出物は分解者の呼吸に利用される。

図9. 各栄養段階の物質収支

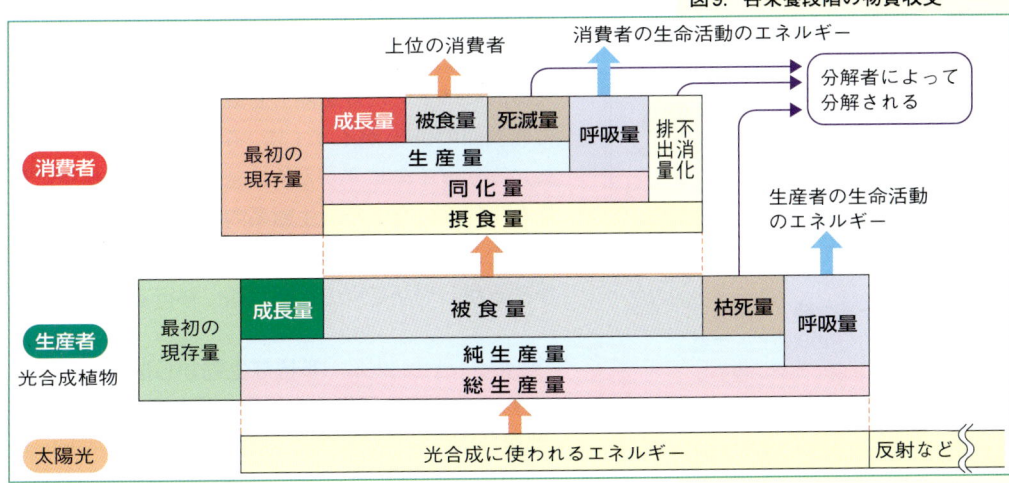

3 生態系のバランスと人間活動

多様な生物からなる生態系は、生物の相互作用により安定した平衡状態となる。ところが現在では、環境汚染などによってこのバランスが危うくなりかけている。

> ☆1. たとえば被食者がふえれば捕食者もふえ、被食者は捕食されて減る。また、被食者が減れば食物が不足して捕食者も減少する。

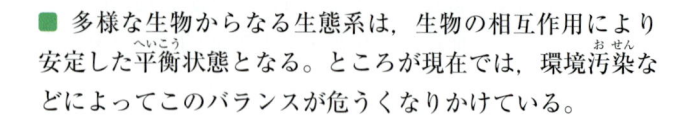

1 生態系のバランス

■ **生態系のバランス** 生態系を構成する生物の種類数や量は常に変化しているが、多様な生物から成る生態系では、一部の生物が増減して生態ピラミッドが乱れても、多様な生物間で相互干渉が働きもとの状態にもどる。このように一定の範囲内で安定した状態を**生態系のバランス**という。

> ☆2. 真核生物のうち、単細胞のもの、あるいは多細胞でもからだの構造が簡単で、植物にも動物にも菌類にも含まれないものを**原生生物**という（⇒ p.6）。原生生物に含まれる従属栄養生物を**原生動物**という。

■ **フラスコ内の生態系の平衡** 池の水と泥を入れたフラスコをある温度と光条件におくと、最初**細菌類**が急増し、次に細菌類を捕食する**原生動物**が増加し、さらに時間の経過とともに単細胞の緑藻類の**クロレラ**や、**シアノバクテリア**、**ワムシ**が出現し、やがて各生物の個体数は一定の構成比で安定する。このように**平衡状態**となったフラスコ内の生態系は密閉した状態に光を当てるだけで何年間も保たれることがある。

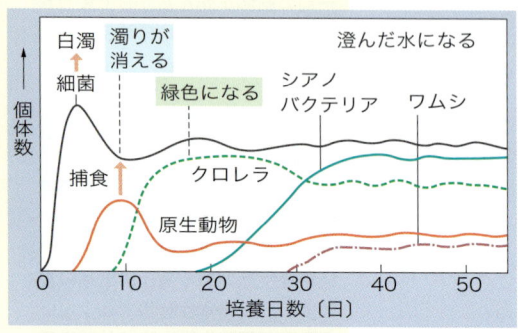

図10. フラスコ内の生態系の平衡

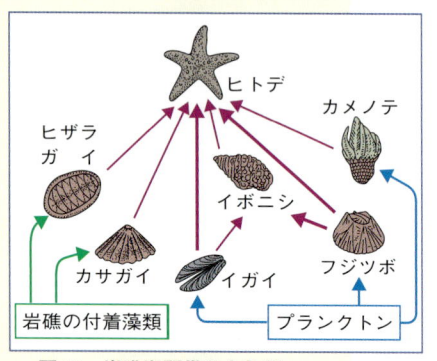

図11. 岩礁潮間帯の食物網

■ **ペインの実験** ある岩礁地帯でヒトデを最高次消費者とする食物網（⇒ p.111）が見られた。固着性の生物はフジツボが岩礁表面の約40％を覆い、イガイとカメノテは5％以下という構成であったが、人為的にヒトデだけを除去し続けると、3年後には岩礁表面の95％がイガイに、5％がカメノテに覆われ、カサガイやヒザラガイは見られない、極端に単純な生態系になった。生態系内の一部の関係を急激に崩すと、特定の生物の絶滅や大発生が起こることがあるが、やがて別の平衡状態に移行する。

> ☆3. **キーストーン種**
> 岩礁地帯のヒトデのように、生態系のバランスを保つために重要な役割を果たす生物種を、**キーストーン種**という。

> **ポイント** **生態系のバランス**…多様な生物から成る生態系は生物間の相互作用により安定に保たれる。
> 一部を急激に壊せば回復不可能 ⇒ 別の平衡状態に。

2 人類と生態系

■ **世界の人口とエネルギー消費**　人類は狩猟採取生活から農耕生活へ移行するとともに，人口が増加し，その生活圏を拡大してきた。18世紀に化石燃料である石炭をエネルギー源として使う産業革命が始まると，人口は急速に増加し始め，19世紀に石油が使われるようになると，エネルギー消費量も飛躍的に増加し，それに伴って世界の人口は爆発的に増加している。

✿4. 化石燃料のでき方
石炭は地中に埋もれた植物の遺体が熱や圧力によって変質（石炭化）したもので，石油も地中に堆積した生物の遺体が高温・高圧を長い年月にわたって受けることでできたとされている。

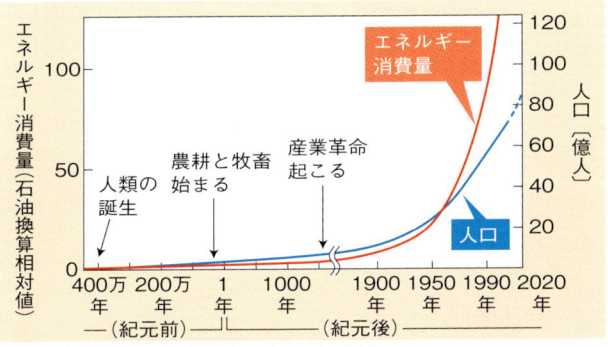

図12. 世界の人口の変化とエネルギー消費量

人間活動の規模が大きくなったため，生態系への影響も大きくなった。

ポイント　〔人口が爆発的に増加した転換点〕
①狩猟採取生活から農耕生活へ　②産業革命

■ **都市の拡大**　増加した人口は都市に集中する。都市の生態系は消費者が多く，生産者や分解者がきわめて少なくて不安定である。この生態系を維持するため外部から食料など多量の物資を運び込み続ける結果，膨大なゴミの問題，大気汚染，水質汚染などの問題が生じている。

■ **農耕地の拡大**　増加した人口を支えるため森林が開拓され農地が拡大していった。農地には次の問題がある。
① 森林に比べ農地は生態系が単純で不安定なため，害虫の大量発生などが起こりやすい。除草剤や殺虫剤などの農薬が使われると，生態系はさらに単純化し不安定となる。
② 都市とは逆に，農耕地は生産物が外部に運び出されてしまうため，土壌の栄養塩類を肥料で補う必要がある。多量の化学肥料の投与は土壌を劣化させる。

図13. 焼畑による農地の拡大（インドネシア）

✿5. 生物の働きによって有機物が分解された腐植（⇒ p.95）を多く含む土壌は団粒状になり保水性や通気性に富むが，化学肥料でリン（リン酸）やカリ（カリウム）などを加えられた土壌はそのような性質を失うため，作物の生産性が年々落ちていく。

ポイント
都市…消費者ばかり多い。⇒ 多量の排出物・汚染
農地…物質が循環しない単純な生態系で不安定。

2章　生態系とその保全

3 自然浄化と水質汚濁

■ **自然浄化** 河川などに流入した有機物は，少量ならば沈殿，希釈され，分解者の働きによって**自然浄化**される。

① 河川に汚水が流入すると，流入点の近くで有機物が増加するため，これを分解する**細菌類**などが増加して水は濁る。また，細菌類の呼吸によって，**溶存酸素量**[6]は急激に減少する。

② やや下流になると**原生動物が増加**して細菌類を捕食するため水の濁りはしだいに回復する。

③ さらに下流域では死滅した菌の分解などで塩類が増加するため，これを利用する**藻類が繁殖**するようになる。藻類の光合成によって酸素が放出されて溶存酸素量も回復し，清水にもどる。

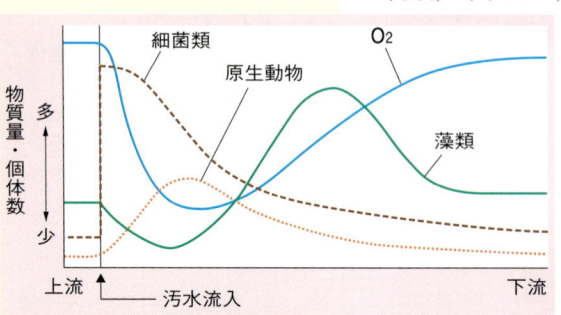

図14. 河川における自然浄化

✦6. 溶存酸素量とBOD
水に溶けている酸素を溶存酸素というが，検水を容器につめて，20℃にして暗黒中で5日間置いたとき消費された溶存酸素量をBOD(生物学的酸素要求量)といい，水の汚れを示す指標としてよく使われる。一般的にBODが高いほど有機物や細菌などの多い，きたない水といえる。
また，溶存酸素量の単位としてはppm(1 ppm = 0.0001%)が使われることが多い。

> 〔自然浄化〕
> 汚水流入 ➡ 細菌類増加 ➡ 原生動物増加 ➡ 藻類増加
> 　　　　　(O_2急減)　　(細菌を捕食)　　(O_2回復)

✦7. 異常発生するのは植物プランクトンでも，その遺体が分解される際に多量の酸素が消費され，水中の酸素は不足がちになる。

■ **赤潮・水の華** 都市の生活排水や工業廃水などが多量に河川・湖沼・海洋などに流入すると，自然浄化の能力を超え，**富栄養化**が起こる。そのため特定のプランクトンが大増殖して**赤潮**や**水の華(アオコ)**[7]が発生する。

　{ 赤潮：ヤコウチュウ，ケイソウなど
　 水の華：アナベナ(シアノバクテリア類)など

4 酸性雨と光化学スモッグ

図15. 酸性雨生成のしくみ

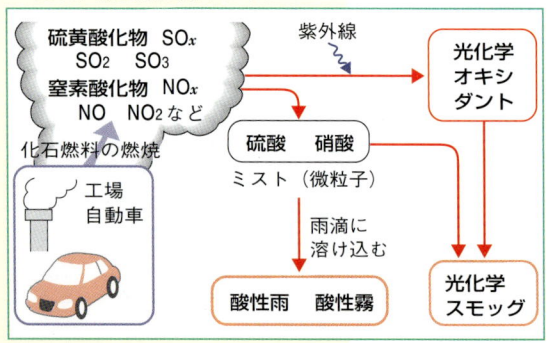

■ **酸性雨** 工場地帯で多量の化石燃料を燃焼させると，**窒素酸化物(NO_x)**や**硫黄酸化物(SO_x)**が大気中に放出される。これが上空で硝酸や硫酸の微粒子となる。これらが雨滴に溶けて**pH5.6以下**になったものを**酸性雨**や**酸性霧(霧状)**と呼ぶ。これにより湖沼の魚が死滅したり，コンクリートや大理石・ブロンズ像が溶けるなどの被害が生じる。

> **ポイント**
> 〔酸性雨・酸性霧〕pH5.6 以下
> 工場・自動車 → 窒素酸化物/硫黄酸化物 → 硝酸/硫酸 → 雨滴に溶ける → **酸性雨 酸性霧**

■ **光化学スモッグ** 工場や自動車から排出される**窒素酸化物**などに紫外線が作用すると，強い酸化力をもつ**光化学オキシダント**[8]ができて，硝酸や硫酸の微粒子とともに目や呼吸器を傷つける**光化学スモッグ**が生じる。

○8. オゾン(O_3)やPAN(硝酸パーオキシアセチル)などから成る酸化力の強い物質群。

> **ポイント**
> 〔光化学スモッグ〕紫外線
> 工場・自動車 → 窒素酸化物など → **光化学オキシダント** → **光化学スモッグ**

スモッグ(smog)は，煙(smoke)と霧(fog)を合わせてつくられた造語なんだ。

5 生物濃縮と環境ホルモン

■ **生物濃縮** 有機水銀・DDT・PCBなどの特定の物質が，**生物体内に外部環境よりも高い濃度で蓄積される現象**を**生物濃縮**という。このとき，栄養段階が上位の生物ほど非常に高濃度で蓄積される傾向がある。

■ **環境ホルモン** 自然界に放出され，**動物の体内で内分泌系による調節作用を混乱させる化学物質**を**内分泌攪乱化学物質**(環境ホルモン)という。

図16. ある湖での生物濃縮の例
植物プランクトン 0.025ppm
動物プランクトン 0.123ppm
ワカサギの仲間 1.04ppm
レイクトラウト 4.83ppm
セグロカモメの卵 124ppm
湖水のPCB濃度 0.000005ppm

表1. 生物濃縮で問題となったおもな物質

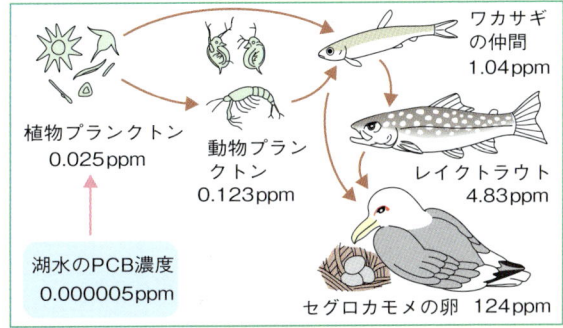

物質名	用途・発生源	症状
DDT	農薬，殺虫剤	毒性，環境ホルモンの疑い。[9]
BHC	農薬，殺虫剤	毒性，高濃度に生物濃縮。
有機水銀	工場排水(メチル水銀)	水俣病など中枢神経疾患。
カドミウム	電池・亜鉛精錬所の排水	イタイイタイ病など骨軟化症，腎臓障害。
PCB	インク・工場排水	皮膚・肝臓障害。
ダイオキシン	塩素を含むプラスチックなどを燃焼すると発生	猛毒。微量では発がん性やホルモンに似た作用を示す。
有機スズ	船底や漁網の塗料(貝類や海藻の付着を防ぐ)	環境ホルモンの一種。貝類(イボニシなど)の雌を雄化する。

> **ポイント**
> 〔生物濃縮〕
> 有害物質が排出されず体内に蓄積 → 環境中で低濃度でも体内では高濃度になり危険

○9. DDTは女性ホルモン(エストロゲン)の受容体と結合して，女性ホルモンと同様の働きをする。

4 地球規模の環境問題

20世紀以降の人間活動の結果，地球温暖化やオゾン層破壊など，地球規模のさまざまな環境問題が起きている。

1 地球温暖化

温室効果 大気中の**二酸化炭素（CO_2）・メタン（CH_4）・フロン**などの気体は**温室効果ガス**と呼ばれ，太陽光によって温められた地表面や大気中から熱が大気圏外に出るのを妨げる働きをする。この働きを**温室効果**という（⇒図17）。

地球温暖化 世界の年平均気温は20世紀の100年間で0.7℃上昇し，過去1000年間では例のない急激な変化をしている（⇒図18）。この**地球温暖化**は，図19のCO_2のように，石油や石炭などの**化石燃料の大量消費，森林の伐採**などによって**温室効果ガスが急激に増加**したためと考えられる。

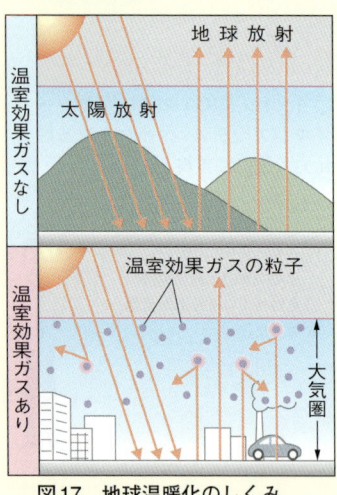

図17. 地球温暖化のしくみ

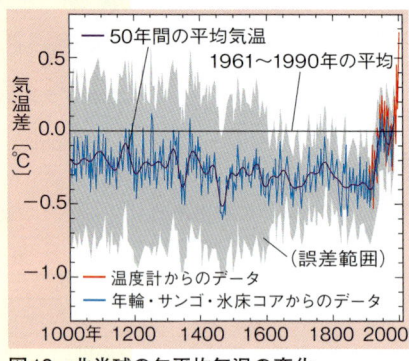

図18. 北半球の年平均気温の変化

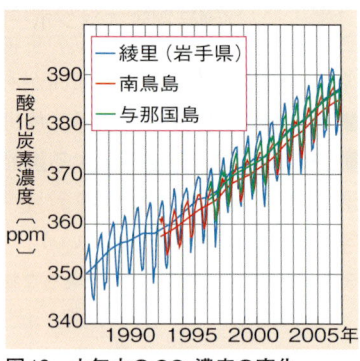

図19. 大気中のCO_2濃度の変化

地球温暖化による問題 次のような問題が懸念される。
① 海水面の上昇❶が起こり，低地の島や都市が水没する。
② 熱帯性の伝染病の流行地域が拡大する。❷
③ 現在の気候分布が高緯度にずれていくため，温暖化が急激に進めば植生の移動がついていけない植物が絶滅する。

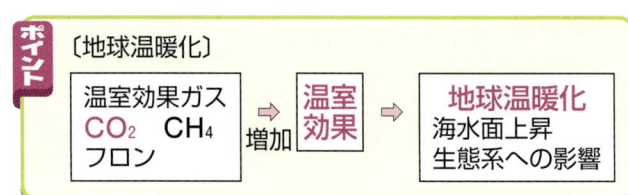

❶ 南極大陸の氷床や高山の氷河が溶けて海に流れ込んだり，海水が膨張したりする結果，海水面が上昇していると考えられている。

❷ マラリアやデング熱など，熱帯にすむ蚊が媒介する伝染病は，熱帯地域が広がればそれだけ拡大する危険がある。

〔地球温暖化〕

温室効果ガス CO_2　CH_4　フロン　増加 ⇒ 温室効果 ⇒ 地球温暖化　海水面上昇　生態系への影響

2 オゾン層の破壊

■ **オゾン層** 地上25 km付近の成層圏にはオゾン(O_3)濃度の高い**オゾン層**があり，生物にとって**有害な紫外線を吸収する**働きをしている。

■ **オゾンホール** クーラーや冷蔵庫の冷媒，スプレーの溶媒に使われた**フロン**は炭素・フッ素・塩素を含む化合物で，化学的に安定であるが，上空で強い紫外線によって分解されて塩素を生じ，この塩素はオゾンを分解する。特に**オゾン層の濃度の低い部分**を**オゾンホール**といい，南半球の夏，南極の上空に出現するようになった。

■ **オゾン層破壊の影響** オゾン層が破壊されると紫外線の増加によって**白内障**などの目の障害，DNAの損傷による**皮膚がん**などが増加する。また，植物やプランクトンの生態にも影響が出る。

図20. オゾンホール

ポイント
〔オゾン層の破壊〕
フロンガスの使用・放出
↓
オゾン層破壊・オゾンホール
↓
紫外線の増加
↓
白内障・皮膚がんの増加

図21. オゾン層の破壊

3 森林破壊

■ **熱帯林の破壊** 熱帯多雨林は**大規模な伐採**や**焼畑**（その後放牧地となる）によって急速に減少している。また，沿岸部のマングローブ林も，燃料用に乱伐されたり，水田や輸出用のエビなどの養殖池の用地として破壊されている。

■ **熱帯林破壊の問題** 熱帯林は土壌が薄く（⇒p.95），伐採されると雨で表土が流出し，生態系の回復は困難である。また，熱帯林を破壊すれば生物の多様性の破壊，遺伝子資源の損失にもつながる（⇒p.122）。また，熱帯林は生物体として膨大な量の炭素を保持しており，破壊すると二酸化炭素の増加を防げなくなる。

昔ながらの焼畑は面積が小規模だったので，一定期間放置すれば森林が回復できていた。

ポイント
〔熱帯林破壊の問題点〕
① 生物多様性の破壊・遺伝子資源の損失
② 地球温暖化に悪影響　③ 失われると回復困難

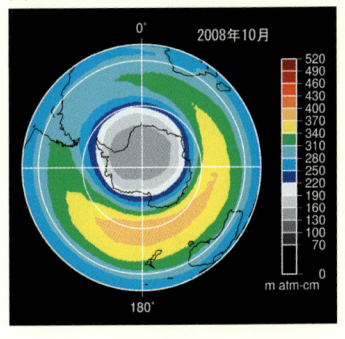

★3. 風の働きによる侵食を**風食**，水の働きによる侵食を**水食**という。

アフリカやオーストラリアでの砂漠化が特に目立つけれど，砂漠化は世界各地で起こっている。

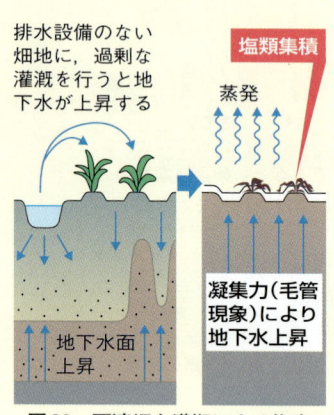

排水設備のない畑地に，過剰な灌漑を行うと地下水が上昇する

塩類集積
蒸発
凝集力（毛管現象）により地下水上昇
地下水面上昇

図23. 不適切な灌漑による塩害

★4. 3つのレベルの多様性
生物多様性には，①**生態系の多様性**，②**種の多様性**，そして③**遺伝子の多様性**の3つのレベルがあり，いずれも重要とされている。

★5. 生物多様性の恵み（**生態系サービス**）
酸素の供給，気温・湿度の調節，水や物質の循環，食べ物・木材・遺伝子資源，豊かな土壌，地域に根差した文化・伝統，津波・土砂崩れなどの自然災害の軽減など。

4 砂漠化

■ **砂漠化**　人口の増加に伴い，**森林の伐採**や**焼畑農業**，**家畜の過放牧**が行われ，これに**風食・水食**，風や水による砂の流入などが重なり，世界各地で**砂漠化**が進行している。

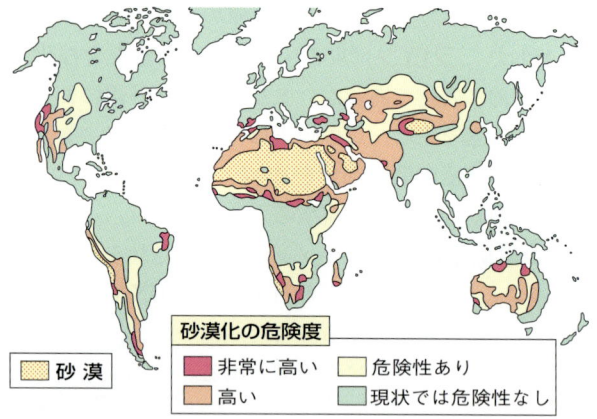

砂漠化の危険度
砂漠　　非常に高い　　危険性あり
　　　　高い　　　　　現状では危険性なし

図22. 砂漠化の状況

■ **灌漑による塩害**　砂漠化は単に水不足ということではなく**土壌のアルカリ化**が問題。乾燥地は水が急速に蒸発するため，農地に大量の水をまくと**水分子の凝集力によって地下水を引き上げてしまう**。そして蒸発する際に**地下水に含まれた塩分が地表で濃縮される**。これが**塩害**である。

ポイント
〔砂漠化の原因〕
森林伐採，焼畑，過放牧，不適切な灌漑による**塩害**，風食・水食，砂の流入

5 生物の多様性の低下

■ **生物の多様性**　生態系は多様な生物の相互作用によって安定的に維持され，単純になると不安定になる（→p.116）。このような**生物の個性とつながり**を**生物多様性**といい，生態系のバランスを維持するうえで重要であるだけでなく，人間の生活にも計り知れない恵みをもたらしている。

■ **熱帯林と多様性**　熱帯多雨林には，地球上の生物種の半分以上が分布すると考えられ，熱帯林の減少は大量の生物の絶滅，生物多様性が大きく失われることも意味する。また，熱帯林は品種改良や医薬品開発に役立つ可能性のある**遺伝子資源**の宝庫でもあり，この損失も重大である。

■ **レッドデータブック** 環境破壊によって種の存続があやぶまれている生物およびその生息地域・状況をまとめた本を**レッドデータブック**という⁶。日本ではこれに記載されている**絶滅危惧種**として次のものがある。
例 動物…ツシマヤマネコ，タイマイ，シマフクロウなど
　　植物…レブンソウ，ヒメユリ，ハナシノブなど

⑥ 環境保護の取り組み

■ **野生生物の保護** 地球生態系は，多種多様な生物種の相互作用によって平衡に保たれている。そのため，野生生物の絶滅によって**種の多様性**が損なわれると，地球生態系に回復困難な変化や損失が生じる可能性がある。

■ **野生生物の生息地を保護する活動** 野生生物の生息地の保護を目的として，開発の影響を事前に予測・評価して計画を検討する**環境アセスメント**や，土地を買い取って開発が行われないように管理する**ナショナルトラスト運動**などが考案され，行われるようになった。

■ **里山**⁷ **里山**は人間が手を加えることで成立する生態系で，保護するためには働きかけを続けていく必要がある。

■ **熱帯林の保護** 地球の森林の約50％を占め地球の温暖化防止や多様性において重要な働きをもつ熱帯林を保護するため，伐採量の制限や伐採後の植林の義務づけを行うなどの措置がとられるようになってきている。

■ **外来生物の問題** 他の土地から入ってきて定着した生物を**外来生物**という。2005年には，日本の生態系に影響をおよぼすと考えられる外来生物が**特定外来生物**に指定され，これらの飼育・輸入などが原則禁止とされた。

　外来生物は，**在来生物**（もともとその地域にいる生物）を食べつくしたり，在来生物の生息場所や食物を奪ったり，近縁の在来生物と交雑することで生態系を攪乱（**遺伝子汚染**）したりして本来の生態系を壊すおそれがあるため，外来生物の持ち込みの禁止や駆除が行われている。

　次にあげたのは，日本に侵入したおもな外来生物である。
例 外来動物…アメリカシロヒトリ，アメリカザリガニ，
　　　　　　ウシガエル，オオクチバス⁸，ライギョ⁹
　　外来植物…シロツメクサ，セイヨウタンポポ，セイタカアワダチソウ，ハルジオン，ブタクサ

6. 日本では野生動植物の約3割が絶滅の危機に瀕しているとされ，日本のレッドデータブックでは「絶滅」から「情報不足」まで，脊椎動物は300種，維管束植物（維管束をもつ種子植物とシダ植物）は1887種が記載されている（2005年現在）。

タイマイ

7. 里山
里山は，近隣住民が薪炭材や木材の切り出し，下草刈りや肥料用の落ち葉の採集を行ってきたため遷移が進まず維持されてきた**二次林**である。このような林床の明るい二次林が維持されなければ生育できない植物や動物（エノキおよびそれを食草とするオオムラサキなど）も多く存在する。

オオムラサキ(♂)

8. 一般的には「ブラックバス」と呼ばれている。北米原産。

カムルチー

9. カムルチーやタイワンドジョウの一般的な呼び名で，60cm以上にも成長する。

2章　生態系とその保全

重要実験 河川の環境調査 〔水質の指標生物〕

> CODは、水中に存在する有機物を酸化するのに必要な酸素の量のこと。

方法

1. 河川の上流域，中流域，下流域に調査区域を設定して**予備調査**を行い，調査対象とする小形水生動物の種類を決める（下表の指標生物は，環境省および国土交通省の調査法にもとづいている）。
2. 1～2mmくらいの網目の手網やざるを調査区の下流側にかまえながら，石を静かにめくって石に付着した**水生動物を採取**する。水に流れた動物は網やざるで捕集する（右図）。
3. 採取できた水生動物の**種類を同定**し，その名称と個体数を調査集計票に記入する。
4. 採取地点の気温・水温・水深・川底のようす・流れの速さ・瀬や淵の別・川幅・調査対象以外の生物なども記入する。
5. 可能ならば水質検査セットを使ってCOD（化学的酸素要求量）なども測定する。
6. 調査地点ごとに，**各水質階級に属する動物の種類数**と特に多かった種類●（全体で2～3種類）数の合計を求め，最も得点の多かった階級をその地点の**水質階級**と判定する。

水質の目安となる代表的な指標生物

水質階級 Ⅰ（きれいな水）	水質階級 Ⅱ（少しきたない水）	水質階級 Ⅲ（きたない水）	水質階級 Ⅳ（大変きたない水）
サワガニ、ブユ、ヘビトンボ、ヒラタカゲロウ、アミカ、ナガレトビケラ、プラナリア、ヤマトビケラ	カワニナ、ゲンジボタル、コオニヤンマ、コガタシマトビケラ、ヒラタドロムシ、イシマキガイ、ヤマトシジミ（河口）	タニシ類、ミズムシ、タイコウチ、ヒル、ミズカマキリ、イソコツブムシ、ニホンドロソコエビ（河口）	セスジユスリカ、チョウバエ、サカマキガイ、アメリカザリガニ、エラミミズ・ユリミミズ｝イトミミズ類

考察

1. 次の水生生物が見つかった場合の各水質階級の得点はそれぞれ何点か。ヒラタカゲロウ●，ヘビトンボ，ゲンジボタル，カワニナ●，サワガニ，ミズムシ，ヤマトビケラ，ブユ
　→ 水質階級Ⅰ…6（ヒラタカゲロウ（＋1），ヘビトンボ，サワガニ，ヤマトビケラ，ブユ），Ⅱ…3（ゲンジボタル，カワニナ（＋1）），Ⅲ…1（ミズムシ），Ⅳ…0
2. 1の地点の水質階級は何と判定されるか。→ 水質階級Ⅰ

重要実験 土壌動物の調査

> 土壌の生態系も少し場所が変わると、種構成がちがう。

方法

1. 底を抜いた空き缶を土壌の表面から土壌中に10cm差し込み、深さ0cmから10cmの土壌を採取する。
2. 肉眼で見える動物は、その場で採取して、その種類と数を数えて記録する。土はビニール袋に入れて持ち帰る。
3. 持ち帰った土を、厚さが3～4cm程度になるようにして右図のような**ツルグレン装置**にセットし、装置の電灯をつける。
4. 電灯の熱によって、土壌動物は土壌からはい出してツルグレン装置の下部にあるエタノール容器に落下してくるので、一定時間に落ちてくる土壌動物を採取する。
5. 4をペトリ皿にあけて**ルーペまたは双眼実体顕微鏡で観察**し、種類ごとに形態をスケッチして、その数を調べる。また、動物名を図鑑を使って同定する。正確な同定が難しい場合は、およその分類群を調べる。

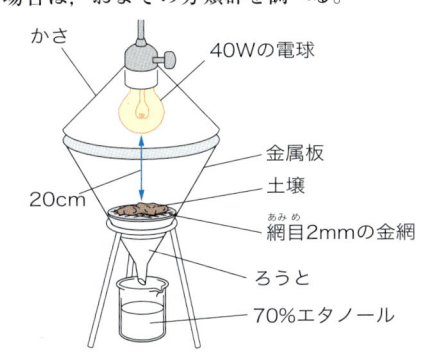

（図：ツルグレン装置　かさ、40Wの電球、金属板、20cm、土壌、網目2mmの金網、ろうと、70%エタノール）

結果

●次のような動物が観察された。

脚なし	脚3対				脚4対		脚7対	脚多数
ハエ類／ヒメミミズ	翅なし：トビムシ、ナガコムシ、シロアリ、アリ	甲虫の幼虫	翅あり：ハサミムシ、甲虫、ハネカクシ		カニムシ、ダニ、クモ、ササラダニ、触肢		ダンゴムシ、ワラジムシ	イシムカデ

考察

1. 土壌動物が多く見られたのはどのような土壌か。
 → 森林の下など腐植質の多い土に多くの土壌動物が観察された。
2. 同じ地域で表面から10cmごとに40cmぐらいの深さまで土壌を採取した場合、どの深さに多くの土壌動物が観察されたか。また、その理由も推察せよ。
 → 表面近くの土壌ほど多くの土壌動物が見られる。これは表面近くほど腐植質が多いためと考えられる。
3. 同じ場所の土壌でも、季節によって土壌動物にちがいが見られるか。
 → 春から夏にかけて多く、秋から冬にかけて気温の低下とともに種類・数とも減少する。

2章　生態系とその保全

重要実験 マツの気孔による大気汚染調査

> 大気のよごれを植物の調査で求めた数値で表す。

方法

1 大気汚染の程度の異なると思われる地点で，マツのある場所を3〜4地点設定する。

- 交通の激しい交差点付近
- 交通が激しくない道路に面した場所
- 交通量のほとんどない田園地帯

各地点による汚染度を比較するため，採取するマツの葉の緑色は同程度のものとする。

2 マツの葉は丸みを帯びた側に気孔を多くもつので，**平らな面が下**になるようにスライドガラスにのせてセロハンテープで止める。

3 60倍程度の倍率で反射光を用いて気孔を30個検鏡して汚染段階を調べる。

4 次の基準にしたがって**汚染段階を判定**し，調査票に記入する。

	汚染段階
気孔全体に塵が詰まっている	2
気孔の一部に塵が詰まっている	1
塵が見られない	0

5 **汚染度**を次式で求めて調査票に記入する。

汚染度＝汚染段階×その段階の気孔数

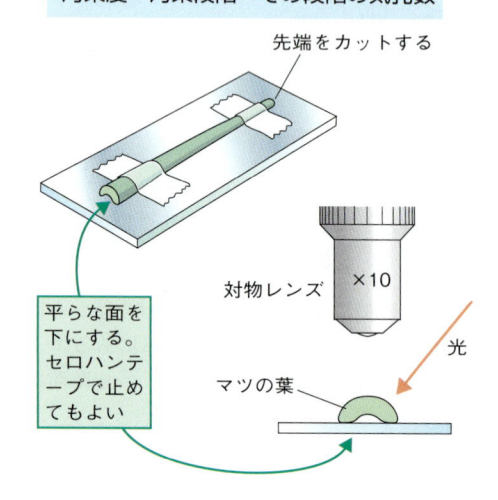

平らな面を下にする。セロハンテープで止めてもよい

汚染段階…… 2　1　0

結果

●大気汚染度の調査票

	自動車の通行量	気孔総数	各汚染段階の気孔数			汚染指数	平均
			2	1	0		
調査地1	多い	56	31	17	8	79	1.41
調査地2	少ない	52	14	26	12	54	1.04
調査地3	ほとんど通らない	58	0	12	46	12	0.21

考察

1 塵によるマツの葉の気孔の詰まり具合から，大気汚染の状況を知ることができるのは，なぜか。
→ マツは気孔からCO_2を吸収し，O_2を放出している。そのため，大気汚染の進んだところほど，大気中に浮遊する塵で気孔の詰まる割合が高いと考えられる。

2 汚染段階の進んでいるところはどのような地点であったか。
→ ディーゼルエンジンを積んだトラックやバスなどの通行量の多い信号のある交差点付近。

テスト直前チェック　定期テストにかならず役立つ！

1. 生態系内の生物をその役割で3つに分けると，何と何と何か？
2. 「食う-食われる」の関係による，一連の鎖のようなつながりを何という？
3. 「食う-食われる」の関係から成る，複雑にからみ合ったつながりを何という？
4. 生産者から始まる一次消費者，二次消費者などの段階を何という？
5. 生態ピラミッドのうち，個体の重量の合計で各段階を比較したものを何という？
6. 石油や石炭，天然ガスなどをまとめて何燃料という？
7. 根粒菌などが，大気中の窒素をアンモニウム塩に変える働きを何という？
8. 菌類や光合成植物が，土中の無機窒素化合物を有機窒素化合物に変える働きを何という？
9. エネルギーは，炭素の循環とともに生態系の中を循環するかしないか？
10. 生態系の生物間の働きあいで保たれている生態系の安定した状態を何という？
11. ある生態系の中でその生態系のバランスを保つため重要な役割を果たす生物種を何という？
12. 河川などに流入した排水などの有機物を生物が分解することを何という？
13. 生活排水や工業廃水の流入などによって起こり，赤潮や水の華の原因となる水質変化を何という？
14. 酸性雨と呼ばれる雨のpHはどのような範囲か？
15. 生物体内で特定の化学物質が環境よりも高濃度で蓄積されることを何という？
16. 二酸化炭素やメタンなどの気体が，大気圏内に熱を保つ働きを何という？
17. 二酸化炭素やメタンなどの増加で地球の平均気温が上昇することを何という？
18. ある物質を多く含むため成層圏で紫外線を吸収する働きをもつ層を何という？
19. 熱帯林破壊の大きな要因となっているのは何という農法か？
20. 乾燥地の農地で不適切な灌漑を行った場合に起こるのは何害か？
21. 種の存続があやぶまれている生物の種や生態などのデータをまとめた本を何という？
22. 他の地域から侵入してきて定着した生物を何という？

解答

1. 生産者・消費者・分解者
2. 食物連鎖
3. 食物網
4. 栄養段階
5. 生物量ピラミッド
6. 化石燃料
7. 窒素固定
8. 窒素同化
9. しない。
10. 生態系のバランス
11. キーストーン種
12. 自然浄化
13. 富栄養化
14. pH5.6以下
15. 生物濃縮
16. 温室効果
17. 地球温暖化
18. オゾン層
19. （大規模な）焼畑
20. 塩害
21. レッドデータブック
22. 外来生物（外来種）

定期テスト予想問題　解答→p.139

1　生態系

生態系の中の生物は，その役割によって，生産者(a)，消費者，分解者(e)に分けられ，消費者はさらに一次消費者(b)，二次消費者(c)，三次消費者(d)などに分けられる。各問いに答えよ。

(1) 生産者から始まる食物連鎖の各段階を何というか。
(2) a〜eにあうものを，次のア〜オから選べ。
　ア　菌類　　　　イ　植物食性動物
　ウ　緑色植物　　エ　小形動物食性動物
　オ　大形動物食性動物
(3) 次の①〜③は，a〜eのどれに相当するか。
　① イネ　　② カエル　　③ イナゴ
(4) 生態系においてa〜dの通常の生物量はどのような関係にあるか。a〜dの記号と不等号(<)を使って示せ。

2　炭素の循環

下の図は，生態系における炭素の循環経路を模式的に示したものである。各問いに答えよ。

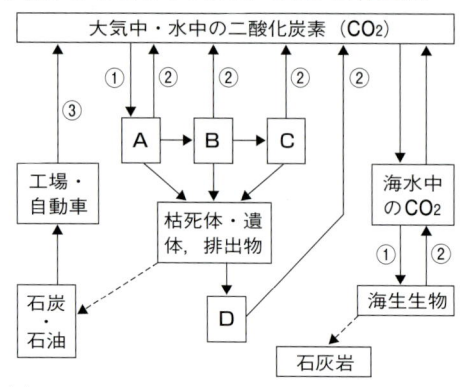

(1) 図中のA〜Dは生態系における役割で生物を分けたものである。それぞれ何というか。
(2) 図中の①〜③の炭素の移動はそれぞれ何という働きによるものか。
(3) 石油や石炭などをあわせて何と呼ぶか。
(4) 海水中で，二酸化炭素を無機的環境の中に閉じ込める働きをする生物をあげよ。

3　窒素の循環

下の図は，生態系における窒素の循環経路を模式的に示したものである。各問いに答えよ。

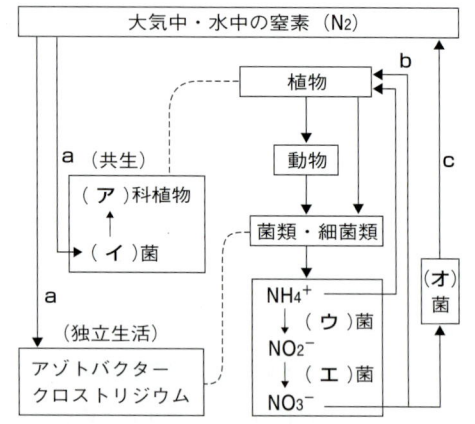

(1) 図中のa〜cの働きは何か，それぞれ答えよ。
(2) 空欄ア〜オを埋めて生物名を完成させよ。
(3) ウ，エの細菌が行う作用を何というか。

4　生態系の会計　発展

下の図は，ある生態系の各栄養段階における有機化合物の収支を示したものである。各問いに答えよ。

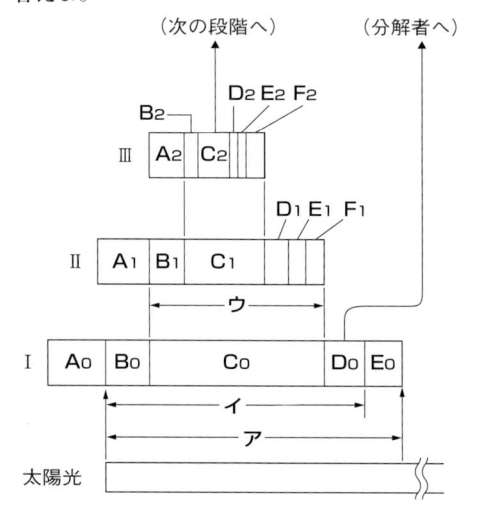

(1) 図のⅠ～Ⅲの栄養段階の生物をそれぞれ何というか。
(2) 図中のC, Eで示される記号はそれぞれ何を示しているか。
(3) 生産者の純生産量を示しているのは，図中のア～ウのうちどれか。
(4) 図中の記号（C_0を含む）を使ってⅡの段階の生物の成長量を示す式をつくれ。
(5) D_0のほかで分解者に移行する有機物をすべて示せ。

5 水質汚染

下の図Aは河川の流れと微生物の個体数の変化の関係を示したものであり，図Bは河川の流れと酸素および塩類の濃度変化の関係を示したものである。各問いに答えよ。

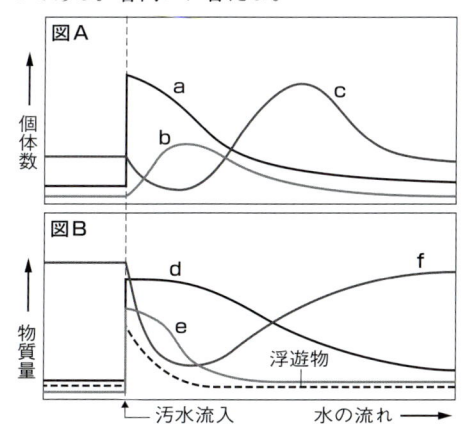

図A（個体数：a, b, c）
図B（物質量：d, e, f, 浮遊物）
汚水流入 ― 水の流れ

(1) 図Aのa～cが示しているのは，どの微生物の量の変化か。次のア～ウからそれぞれ選べ。
　ア 原生動物
　イ 細菌類
　ウ 藻類
(2) 次の①，②の変化を表すグラフを，それぞれ図Bから記号で選べ。
　① 溶存酸素
　② BOD（生物学的酸素要求量）

(3) 図のように河川に流入した汚濁物質が生物などによって減少する働きを何というか。
(4) 多量の下水が流入した河川やそれに続く湖や海で起こる，プランクトンの異常発生を示す語を1つ答えよ。

6 地球温暖化

近年，地球の大気温度の上昇が地球温暖化と呼ばれ問題となっている。これは石油や石炭などの大量消費によって多量に放出されたCO_2の増加などが原因と考えられている。各問いに答えよ。

(1) CO_2のように地表や大気の熱が宇宙に放出されるのを妨げる気体を何というか。
(2) (1)の例をCO_2以外で2つあげよ。
(3) 地球温暖化によって起こると予想される問題を2つあげよ。

7 オゾン層の破壊

地上25km付近の成層圏にはオゾン層と呼ばれるO_3濃度の高い部分がある。各問いに答えよ。

(1) オゾン層が吸収する，生物にとって有害な宇宙からの電磁波は何か。
(2) 20世紀にスプレーの溶媒や冷蔵庫・クーラーの冷媒などに広く使われ，上空でオゾンを分解する，塩素原子を含んだ物質を何というか。
(3) オゾンの分解によってオゾン層に生じたオゾンの極端に薄い部分を何というか。
(4) オゾン層の破壊によって地表に届く(1)が増加すると，どのような人体への悪影響が危惧されるか。増加すると考えられる症状を2つあげよ。

ホッとタイム

環境指標生物名パズル

河川の水質をはかる目安となる次の 1〜8 の生物名を下の語群から選び, 例にならって下のますに記入しよう。A〜I にあてはまる文字をつなげると, 何という言葉になるかな? 答は p.140

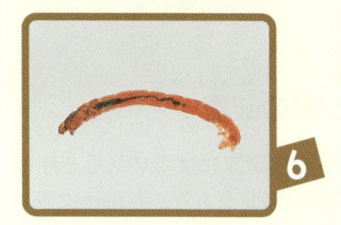

■ … きれいな水　■ … きたない水

例／1／2／3／4（幼虫・成虫）／5／6／7／8

語群

アメリカザリガニ　サカマキガイ　サワガニ
セスジユスリカ　チョウバエ　ヒラタカゲロウ
ヘビトンボ　ヤマトビケラ

	例	1	2	3	4	5	6	7	8
	ス				D				
	ジ								
	エ								
	ビ	A	B	C					
				I			G		
			H						
					E	F			

A	B	C	D	E	F	G	H	I

3編　生物の多様性と生態系

定期テスト予想問題 の解答

1編 細胞と遺伝子

1章 生物の多様性と共通性 … p.26

①
(1) 1000分の1　(2) 1000分の1
(3) ＝A…ア，B…ウ
(4) ＝①c，②b，③a，④d，⑤e，⑥f

[考え方] (3) ヒトの目の分解能は0.1～0.2 mm，光学顕微鏡の分解能は0.2 μm。

②
(1) 光学顕微鏡
(2) 植物細胞，(理由)細胞壁が見られ，液胞が発達しているから。(該当細胞)③
(3) ＝ア…細胞壁・b，イ…液胞・d，ウ…核・f，エ…葉緑体・e，オ…細胞質基質・c，カ…ミトコンドリア・a

[考え方] (2) 葉緑体は緑葉に見られる。タマネギの鱗片葉には葉緑体はない。

③
(1) ＝a…細胞膜，細胞をしきる膜で物質の出入りを調節する。b…小胞体，物質の輸送路。c…ミトコンドリア，有機物からエネルギーを取り出す呼吸の場。d…染色体，遺伝子の本体であるDNAを含む。e…ゴルジ体，物質の分泌を行う。f…中心体，細胞分裂時の染色体の移動に関係する。g…リボソーム，タンパク質を合成する。h…リソソーム，細胞内消化に関係する。
(2) 動物細胞，(理由)中心体が見られ，ゴルジ体が発達している。また，細胞壁がなく，液胞も発達していない。

④
a…タマネギ　b…アオカビ
c…アメーバ　d…大腸菌

[考え方] dは核膜がないので原核細胞の大腸菌。a，b，cは核膜があるので真核細胞。cは細胞壁がないので動物細胞のアメーバ，bは葉緑体をもたないので菌類のアオカビ。

⑤
(1) ＝a…同化，b…異化　(2) 光エネルギー
(3) 炭水化物，タンパク質，脂質，核酸
(4) グルコース，アミノ酸，脂肪酸，グリセリン(モノグリセリド)
(5) ATP(アデノシン三リン酸)

[考え方] (1) 動物が行う同化は，食物として取り入れた簡単な有機物からタンパク質や核酸を合成する過程である。
(2) 植物は光合成を行い，太陽の光エネルギーを有機物の中の化学エネルギーに変えて蓄える。
(3) 植物は独立栄養生物であり，必要な有機物をすべて自ら合成することができる。
(4) 動物は食物として取り入れた有機物を消化の過程で次のように分解して吸収している。
・デンプンなどの炭水化物→グルコース
・タンパク質→アミノ酸
・脂肪→脂肪酸とグリセリン(モノグリセリド)

⑥
(1) ×　(2) ×　(3) ×　(4) ○

[考え方] (1) 酵素には，細胞外で働く消化酵素のような細胞外酵素と，細胞内で働く細胞内酵素がある。
(2) 酵素はタンパク質でできた生体触媒なので温度の影響を受け，ふつう，60℃以上の温度では働きを失う(失活)する。
(3) ペプシンの最適pHは2である。
(4) 酵素は基質特異性をもっており，ふつう，1種類の酵素は1種類の基質としか反応しない。

❼

(1) ＝a…アデニン(塩基)，b…リボース(糖)，c…リン酸
(2) ＝d…アデノシン，e…アデノシン二リン酸(ADP)，f…アデノシン三リン酸(ATP)
(3) 高エネルギーリン酸結合
(4) エネルギーの通貨

[考え方] アデニンとリボースが結合したものを**アデノシン**という。これに1個**リン酸**が結合したものをAMP(アデノシン一リン酸。Mは1を表すmonoの頭文字)，2個結合したものを**ADP(アデノシン二リン酸**。Dは2を表すdiの頭文字)，3個結合したものを**ATP(アデノシン三リン酸**。Tは3を表すtriの頭文字)という。

❽

(1) ＝A…表皮細胞，B…柵状組織，C…海綿状組織，D…道管，E…師管，F…孔辺細胞　(2) B，C，F　(3) 葉緑体
(4) ＝a…二酸化炭素，b…酸素　(5) エ

[考え方] (2)(3) 光合成は葉緑体を含む細胞で行われる。葉でおもに光合成を行うのは，**柵状組織**と**海綿状組織**である。また，**孔辺細胞**の葉緑体は気孔の開閉に関係している。
(4)(5) 光合成は，**二酸化炭素と水**から，光エネルギーを利用してグルコースなどの炭水化物をつくる同化(**炭酸同化**)である。

❾

(1) ＝a…酸素，b…二酸化炭素
(2) 呼吸基質　(3) グルコース
(4) ミトコンドリア
(5) ＝ア…クリステ，イ…マトリックス
(6) 燃焼では有機物が急激に分解されるが，呼吸では段階的にゆっくりと分解される。

[考え方] (1) 呼吸は，酸素を使って有機物を分解してエネルギーを取り出し，二酸化炭素と水に分解する**異化**の代表である。
(3) グルコース以外の炭水化物や，脂質，タンパク質も呼吸基質となる。
(4)(5) 真核細胞の呼吸でつくられるATPは，一部が**細胞質基質**(**解糖系**)とミトコンドリアの**マトリックス**(**クエン酸回路**)，大部分がミトコンドリアの**クリステ**(**電子伝達系**)でつくられる。

❿

(1) ＝a…接眼レンズ，b…鏡筒，c…レボルバー，d…対物レンズ，e…クリップ，f…ステージ，g…反射鏡，h…鏡台，i…調節ねじ，j…アーム
(2) ＝①ア，②エ，③オ，④ク，⑤ケ
　①→③→④→⑤→②
(3) ＝接眼ミクロメーター…a，対物ミクロメーター…f

[考え方] (2) 反射鏡は，低倍率では平面鏡，高倍率では凹面鏡を使う。

⓫

(1) $2.5\,\mu m$　　(2) $10.0\,\mu m$
(3) $25.0\,\mu m$　(4) (秒速)$0.5\,\mu m$

[考え方] (1) 対物ミクロメーターでは1目盛りは$10\,\mu m$である。図1を見ると，接眼ミクロメーターの8目盛りと対物ミクロメーターの2目盛りが一致しているので，接眼ミクロメーターの1目盛りの長さは次の式から求められる。

$$\frac{2〔目盛り〕\times 10〔\mu m〕}{8〔目盛り〕}=2.5〔\mu m〕$$

(2) 倍率と接眼ミクロメーターの1目盛りの長さとは**反比例の関係**にあるので，顕微鏡の倍率を600倍から150倍にすると，1目盛りの長さは理論上4倍となる。
(3) この倍率で，核の直径は接眼ミクロメーターの10目盛り分あるので，

$$10〔目盛り〕\times 2.5〔\mu m〕=25.0〔\mu m〕$$

(4) 5秒間に1目盛り($2.5\,\mu m$)動いたので，その速度は，

$$\frac{2.5〔\mu m〕}{5〔s〕}=0.5〔\mu m/s〕$$

2章 遺伝子とその働き ……… p.51

1
(1) ヌクレオチド
(2) ＝DNA…A（アデニン）・T（チミン）・G（グアニン）・C（シトシン）（順不同），
　RNA…A（アデニン）・U（ウラシル）・G（グアニン）・C（シトシン）（順不同）
(3) ＝a…ア，b…ウ
(4) ＝DNA…デオキシリボース，
　RNA…リボース　　(5) 二重らせん構造
(6) ワトソンとクリック　　(7) 30％

考え方 (1)〜(4) DNAもRNAも，その構成単位は**ヌクレオチド**である。両者を構成するヌクレオチドの相違点は次のようになっている。

核酸	糖	塩基
DNA	デオキシリボース	A，T，G，C
RNA	リボース	A，U，G，C

(7) アデニンが20％であれば，アデニンと相補的なチミンは20％となる。そして残り60％がシトシンとグアニンであり，この2種類の塩基の量は等しいので，60％÷2＝30％

2
(1) ＝a…C，b…A，c…G，d…T，e…A
(2) 相補性（相補的な塩基対）　(3) ②
(4) ＝A…アデニン，T…チミン，
　G…グアニン，C…シトシン

考え方 (1)(2) 2本のDNAのヌクレオチド鎖は弱い結合（水素結合）によって**相補的**な塩基対をつくる。**AとT**は2か所の水素結合，**GとC**は3か所の水素結合で塩基対をつくる。
(3) AとT，GとCが相補的な塩基対をつくるため，AとTの数，GとCの数が等しい。したがって，AとGの和はCとTの和と等しくなる。

3
(1) シャルガフの規則　(2) 30.3％　(3) 19.5％

考え方 (2)(3) 同じ生物の細胞なら，どの細胞でもDNAを構成する塩基の割合は等しい。精子（生殖細胞）のDNA量は半分になるが，**各塩基が半分**になるので，塩基の割合は変わらない。

4
(1) 約2 m　(2) 4.3×10^4 μm　(3) 8600分の1

考え方 (1) ヒトのDNAの塩基対は，
60億〔個〕＝6×10^9〔個〕
であり，DNAの10塩基対の長さが3.4 nmであるから，ヒトのDNA全体の長さは，
$$3.4\times\frac{6\times10^9}{10}=2.04\times10^9\,[\text{nm}]$$
1 m＝1×10^9 nmであるから，
$$\frac{2.04\times10^9}{1\times10^9}=2.04\fallingdotseq2\,[\text{m}]$$
(2) ヒトの染色体数は46本であるので，
$$\frac{2\times10^9}{46}=0.043\times10^9\,[\text{nm}]=4.3\times10^7\,[\text{nm}]$$
$$\frac{4.3\times10^7}{10^3}=4.3\times10^4\,[\mu\text{m}]$$
(3) $\frac{4.3\times10^4\,[\mu\text{m}]}{5\,[\mu\text{m}]}=0.86\times10^4=8600$
であるので，8600分の1である。

5
(1) 細胞周期
(2) ＝A…DNA合成準備期（G_1期），
　B…DNA合成期（S期），
　C…分裂準備期（G_2期），D…分裂期（M期）
(3) A，B，C　(4) A

6
(1) 動物，（理由）中心体や星状体が見られる。また，終期に赤道付近からくびれて細胞質分裂をする。
(2) ＝a…中心体，b…核膜，c…核小体，
　d…染色体，e…星状体，f…紡錘糸，
　g…紡錘体
(3) ①→⑥→③→⑤→④→②　(4) ②，4本

133

考え方 (1) 動物細胞では，前期に**中心体**が分裂して両極に移動して，そこから**紡錘糸**を伸ばして**星状体**となる。
(3) ①は間期の母細胞，②は間期の娘細胞，③は中期，④は終期，⑤は後期，⑥は前期。
(4) 体細胞分裂では，分裂によってできた娘細胞の染色体も**母細胞と同じ数**の染色体をもつ。

7
(1) 1：1：0
(2) 3：1：0
(3) 半保存的複製
(4) メセルソンとスタール

考え方 DNAの二重らせんを構成する2本のヌクレオチド鎖が1本ずつにほどけ，それぞれのもとのDNA鎖を鋳型として新しく他方の鎖を複製し，新しく2本のDNA二重らせんができる。この2本の二重らせん(DNA分子)はどちらももとのDNAのヌクレオチド鎖を1本ずつもっているので，この複製の方法はDNAの**半保存的複製**と呼ばれる。
(1)(2) 1回の分裂ごとに，中間の重さのDNAは軽いDNAと中間のDNA1つずつに，軽いDNAは軽いDNA2本になる。あるいは，n回分裂後のDNAの比について次の式で求める。
軽いDNA：中間のDNA＝$(2^{n-1}-1):1$

8
(1) リボース　(2) ウラシル(U)
(3) 1本　(4) ウ

考え方 (2) DNAのチミン(T)が，RNAではウラシル(U)に置き換わっている。
(4) RNAは，DNAの遺伝情報を細胞質に伝える**mRNA**，アミノ酸をリボソームに運んでくる**tRNA**，タンパク質と共にリボソームを構成する**rRNA**の3つに大別される。

9
(1) UAAGUACCGAUUGGC
(2) 核(核の内部)　(3) mRNA　(4) 5個

考え方 (1) DNAからRNAへの遺伝情報の転写では，塩基は下のように対応している。

DNA　　A　　T　　C　　G
　　　　│　　│　　│　　│
RNA　　U　　A　　G　　C

(4) mRNAの**3つの塩基配列**(コドン)が1つのアミノ酸を決定するので，15÷3＝5(個)

10
(1) ＝a…mRNA(伝令RNA)，
　　b…リボソーム，c…tRNA(運搬RNA)，
　　d…アミノ酸，e…タンパク質
(2) 転写　(3) UACGUA　(4) 翻訳
(5) スプライシング
(6) ＝除かれる部分…イントロン，
　　遺伝子として働く部分…エキソン
(7) セントラルドグマ

考え方 真核生物では，核内でDNAからmRNAへの遺伝情報の転写が行われる。このとき塩基配列の中のアミノ酸を示さない部分(**イントロン**)は取り除かれる。これを**スプライシング**といい，これによって**エキソン**と呼ばれる遺伝情報として働く塩基配列だけのmRNAがつくられる。

11
(1) 核移植実験　(2) イ

考え方 (2) 分化した細胞の核でもすべての遺伝情報(**ゲノム**)をもっている。また，同じ種のゲノムでも，毛色などのようにごくわずかに**個体差**があり，A種とB種のゲノムは異なる。

12
(1) その個体の生命を維持するのに最小限必要な遺伝情報の1セット。
(2) ＝①…×，②…○，③…×，④…○

考え方 (2) 真核生物では，ゲノムの中で遺伝子として働いているのは数％程度であるが，原核生物ではゲノムのほとんどが遺伝子として働いている。また，ゲノムは生殖細胞の遺伝情報に等しい。

2編 生物の体内環境の維持

1章 個体の恒常性の維持 …p.70

1
(1) ＝①血液，②リンパ液，③組織液
(2) 体内環境(内部環境) (3) 恒常性(ホメオスタシス)

[考え方] (2) 生物を取りまく環境を外部環境といい，体液がつくる環境を体内環境(内部環境)という。

2
(1) ＝①イ，②ア，③エ，④ウ
(2) ＝①a，②d，③e，④c

[考え方] (1) 白血球は**有核**の不定形な細胞で，**食作用**によって細菌を取り込んで消化することで，体内から排除するなどの働きがある。

3
(1) ＝a…右心房，b…右心室，c…左心房，d…左心室
(2) イ，ウ   (3) d   (4) 洞房結節
(5) ＝ヒト…エ，カエル…イ   (6) 血圧

[考え方] (2)(3) 心房が収縮すると，心房から心室へ血液が流れ込む。心室が収縮すると，右心室から肺，左心室から全身へ血液が送り出される。
(4) **洞房結節**(とうぼうけっせつ)はペースメーカーともいい，これが定期的に興奮することで，心臓の拍動(心臓の収縮リズム)がつくられる。

4
(1) ＝①大静脈，②右心房，③右心室，④肺動脈，⑤肺静脈，⑥左心房，⑦左心室，⑧大動脈
(2) ＝a…⑤⑥⑦⑧，b…①②③④，c…⑤

[考え方] (2) 動脈血は酸素ヘモグロビンを多く含む血液，静脈血は酸素ヘモグロビンが少なく，二酸化炭素を多く含む血液。**肺動脈には静脈血**が，**肺静脈には動脈血**が流れていることに注意。

5
(1) 96%   (2) 40%   (3) 58.3%   (4) 55.6%

[考え方] (1) 肺胞では，酸素分圧100 mmHg，二酸化炭素分圧30 mmHgであるから，酸素分圧100 mmHgで，bのグラフとの交点の酸素ヘモグロビンの割合を読むと96%。
(2) 全身の組織では，酸素分圧30 mmHg，二酸化炭素分圧60 mmHgであるから，酸素分圧30 mmHgで，cのグラフとの交点の酸素ヘモグロビンの割合を読むと40%。
(3) $\frac{96-40}{96} \times 100 ≒ 58.3$ [%]
(4) 同様にして求めると，肺胞では90%，組織では40%であるから，$\frac{90-40}{90} \times 100 ≒ 55.6$ [%]。

6
①血小板   ②カルシウム(Ca)
③トロンビン   ④フィブリン   ⑤血餅(けっぺい)

7
(1) 肝小葉   (2) 肝細胞
(3) ③，⑥，⑦   (4) ビリルビン   (5) 胆汁

[考え方] (3) ATP合成は各細胞内の細胞質基質とミトコンドリアで行われる。また，尿の生成と血液中の塩類濃度の調節は腎臓(じんぞう)の働きである。
(4)(5) 古くなった赤血球は，ひ臓や肝臓で破壊される。そのとき赤血球の主成分であるヘモグロビンは分解され，黄色の色素であるビリルビンとなる。この**ビリルビンは胆汁(たんじゅう)の成分**となる。

8
(1) ＝①a，②c，③b   (2) b

[考え方] (1) グラフの破線に沿っている部分では体液濃度の調節は見られず，**水平に近い部分では体液濃度の調節**が見られる。また，グラフが切れている部分は生存不可能を示している。
(2) 川と海を往復するタイプ(回遊性)のカニでは，外部環境の塩類濃度が大きく変化するため，体液濃度の調節能力が発達している。

⑨
① 高　② 低　③ 塩類　④ 低
⑤ 体液　⑥ 塩類　⑦ 水

[考え方] 淡水魚では体液より低濃度の尿(薄い尿)を多量に排出し、海水魚では体液と等しい濃度の尿を少量排出している。また、えらにある塩類細胞の働きで、淡水魚では塩類を取り入れ、海水魚では体内の塩類を排出している。

⑩
(1) ＝a…ボーマンのう，b…糸球体，
　　c…腎小体(マルピーギ小体)，d…細尿管，
　　e…毛細血管，f…腎単位(ネフロン)
(2) b→a　(3) d→e
(4) ①X…タンパク質，Y…グルコース
　② Xは高分子の物質なので、糸球体からボーマンのうへ過されないから。Yは糸球体からボーマンのうへ過されるが、細尿管でそれを取りまく毛細血管へとすべて再吸収されるから。
　③ 66.7(倍)　④ 1200 mL　⑤ 160 mg

[考え方] (2) 糸球体からボーマンのうへタンパク質を除く血しょう成分がろ過され、原尿となる。
(3) 細尿管から毛細血管へすべてのグルコースと、大部分の水・無機塩類が再吸収され、尿となる。
(4) ①② Xは原尿中にはないので、糸球体からボーマンのうへ過されないタンパク質であることがわかる。また、Yは原尿中にあり尿中にはないので、細尿管から毛細血管へと100%再吸収されるグルコースであることがわかる。
③ 20÷0.3≒66.7
④ イヌリンは、尿中では血しょう中の120倍に濃縮されているので、血しょうの量は、
　10〔mL〕×120〔倍〕＝1200〔mL〕
⑤ 1200 mLの血しょうに含まれる尿素の量は、
　0.3〔mg/mL〕×1200〔mL〕＝360〔mg〕──(i)
10 mLの尿中に含まれる尿素の量は、
　20〔mg/mL〕×10〔mL〕＝200〔mg〕───(ii)
(i)−(ii)が細尿管で再吸収された尿素の量で、
　360−200＝160〔mg〕

2章 体内環境の調節と免疫 … p.90

①
(1) ＝実線…交感神経・ノルアドレナリン
　　破線…副交感神経・アセチルコリン
(2) 間脳の視床下部　(3) 脊髄
(4) ①②④⑥

[考え方] (1) 交感神経は、脊髄の胸髄と腰髄から出て、交感神経節をつくったのち、そこから各器官に分布し、末端からノルアドレナリンを分泌する。一方、副交感神経は、中脳、延髄および脊髄の仙髄から出て各器官に直接接続し、末端からアセチルコリンを分泌する。神経の分布のしかたから、実線が交感神経で、破線が副交感神経とわかる。

②
(1) ＝a…脳下垂体前葉，b…脳下垂体後葉，
　　c…甲状腺，d…副甲状腺，e…副腎皮質，
　　f…副腎髄質，
　　g…すい臓(ランゲルハンス島)
(2) ＝①バソプレシン，b
　②鉱質コルチコイド，e
　③パラトルモン，d　④チロキシン，c
　⑤成長ホルモン，a　⑥インスリン，g
　⑦糖質コルチコイド，e

[考え方] (1) 脳下垂体のうち、頭の前方(顔の側)の部分を前葉、後方の部分を後葉という。
(2) 脳下垂体前葉からは、成長ホルモンのほか、甲状腺刺激ホルモンや副腎皮質刺激ホルモンなどが分泌される。
　副腎皮質からは、糖質コルチコイドと鉱質コルチコイドという2種類のホルモンが分泌される。糖質コルチコイドは、タンパク質の糖化を促進することで血糖値を上昇させる。また、鉱質コルチコイドは腎臓でのナトリウムイオンの再吸収とカリウムイオンの排出を促進させる。
　チロキシンや糖質コルチコイドなどは代謝を促進させるため、体温調節にも関係している。

❸

(1) ＝X…甲状腺，Y…チロキシン
(2) ＝①放出ホルモン（甲状腺刺激ホルモン放出因子），
②抑制ホルモン（甲状腺刺激ホルモン抑制因子），
③甲状腺刺激ホルモン
(3) 少なくなる。　(4) フィードバック

[考え方]（1）ホルモンYの働きによって**代謝が促進**されていることから，ホルモンYは**チロキシン**で，内分泌腺Xは**甲状腺**だとわかる。
(3) 血液中のチロキシン濃度が上がると，甲状腺に働いてチロキシンを分泌させる甲状腺刺激ホルモンが減り，チロキシンの濃度が下がる。

❹

(1) ②　(2) インスリン
(3) 血糖値上昇時にインスリンをじゅうぶんに分泌できないため，血糖値を下げることができず，尿に糖が出る。

[考え方]（1）②ではグルコース投与後いったん血糖値が上昇するものの，しばらくするともとにもどっていることから，②が健常者とわかる。また，健常者の血糖値は約0.1％（血液100 mL中約100 mg）に保たれることからもわかる。
(2) ③の健常者では，グルコース投与後，このホルモンの濃度が高くなることから，このホルモンは**血糖値を下げるインスリン**だとわかる。

❺

(1) ＝A…副交感神経，B…交感神経
(2) ＝①脳下垂体前葉，②（すい臓の）ランゲルハンス島，③副腎
(3) ＝a…副腎皮質刺激ホルモン，b…インスリン，c…グルカゴン，d…アドレナリン，e…糖質コルチコイド
(4) フィードバック　(5) 約0.1％

[考え方]（1）交感神経系は血糖値の上昇に，副交感神経系は減少に働くことから考える。
(5) **健常者の血糖値は約0.1％**（血液100 mL中約100 mg）である。これは必ず覚えておくこと。

❻

(1) 交感神経
(2) ＝①（間脳の）視床下部，
②脳下垂体前葉，③副腎，④甲状腺
(3) ＝a…糖質コルチコイド，b…アドレナリン，c…チロキシン
(4) ＝ア…減少，イ…増加
(5) 骨格筋の収縮

[考え方]（1）交感神経は**立毛筋を収縮**させて皮膚に直接冷たい風が当たるのを防ぐ。また，皮膚の**毛細血管を収縮**させて，皮膚への血液循環量を減らして血液温度が低下するのを防ぐ。
(5) 骨格筋を細かく収縮させ（身震いし）て，筋肉からの発熱量をふやす。

❼

(1) 食作用　(2) 抗原提示
(3) 活性因子
　　（インターロイキン，サイトカイン）
(4) 抗原抗体反応　(5) 記憶細胞
(6) 免疫ができた（免疫が成立した）。

[考え方] 抗原を食作用で取り込んだ**マクロファージはT細胞に抗原提示**をする。するとT細胞は活性因子であるインターロイキン（サイトカイン）を放出して，他のT細胞やB細胞を活性化させる。**B細胞は抗体産生細胞に分化**し，**抗体**をつくって体液中に放出する（一次応答）。このときB細胞の一部は記憶細胞となって抗原の情報を記憶し，再び同じ抗原が入ってきたときに，直ちに抗体を放出して抗原を破壊する（**二次応答**）。このしくみが成立したときが一般にいう「**免疫**ができた」という現象である。花粉症などの**アレルギー**はこのしくみが過剰に働くことによって起こる過敏症である。

定期テスト予想問題の解答

3編 生物の多様性と生態系

1章 植生とその移り変わり … p.108

❶
(1) 相観　(2) 方形枠法　(3) 被度
(4) 頻度　(5) 優占種

考え方 優占種は被度と頻度から決定するが，同時に植物の丈が最も高い種であることも多い。

❷
(1) ＝a…高木層，b…亜高木層，
　　c…低木層，d…草本層
(2) ＝ア…c，イ…a，ウ…c，エ…a，
　　オ…d，カ…b　(3) 林床

❸
①砂漠　②サバンナ　③森林
④ツンドラ　⑤ステップ

考え方 ①砂漠では，極端な乾燥に耐えられるサボテンのような植物しか見られない。
②サバンナではイネ科の草本の中に，少数の低木がまばらに見られる。
④ツンドラは寒地荒原ともいい，地衣類・コケ植物などの一部の植物しか生育できない。

❹
(1) 層別刈取り法　(2) 生産構造図
(3) A　(4) A

考え方 (3) Aをイネ科型，Bを広葉型といい，Aは単子葉類，Bは双子葉類の生産構造図である。チカラシバは単子葉類なのでAとなる。
(4) Bの広葉型では同化器官（光合成器官）の量はAのイネ科型よりも多いが，茎などの非同化器官（非光合成器官）も多いので，同化器官の割合はAのほうが多くなる。したがって，草丈が同じ場合，Aのほうが効率のよい生産構造であるといえる。

❺
(1) ＝A…光補償点，B…光飽和点
(2) ＝a…呼吸速度，b…光合成速度
(3) 植物X　(4) 植物Y
(5) ＝X…陽生植物，Y…陰生植物

考え方 (1) 光合成速度＝呼吸速度で，見かけ上，二酸化炭素の出入りのない光の強さを光補償点という。
(2) 見かけの光合成速度＝光合成速度－呼吸速度
(3)(4) 光が強いところでは光合成速度の大きい陽生植物が有利となり，林床のような光が弱いところでは，光合成速度は小さいが呼吸速度も小さい陰生植物が有利となる。

❻
(1) ＝a…草本，b…陽樹，c…陰樹
(2) ＝ア…c，イ…b，ウ…b，エ…a，
　　オ…c，カ…a，キ…b
(3) ＝a…ウ，c…ア　(4) 二次遷移

考え方 (2) この図では陽樹を低木と高木に分けていないので，低木のノリウツギとヤシャブシ，高木となるアカマツが同じグループである。
(3) ススキやアカマツなど早期に侵入してくる植物は風散布型，極相種のシイやカシなどは栄養分をたくわえた大きな種子（ドングリ）をつくる重力散布型である。

❼
(1) 裸地　(2) 先駆植物（パイオニア植物）
(3) 草原　(4) 先駆樹種（先駆種，陽樹）
(5) ＝⑤陽樹林，⑥陰樹林　(6) ギャップ

考え方 (1)(2) 溶岩流跡地などを裸地といい，裸地にパッチ状に侵入する植物を先駆植物（パイオニア植物）という。先駆植物となるのはススキやイタドリ，場合によっては地衣類やコケ植物などである。

(4) アカマツやハンノキなど，草原に最も先に侵入する陽生植物の樹種を**先駆樹種**という。
(6) **ギャップ**ができると林床に強い光が当たるため，成長の早い陽樹が侵入して林冠まで達することがある。これを**ギャップ更新**という。極相に達した陰樹林でも，このような更新が常に起こって多様性が維持される。

❽
(1) ＝ア…寒帯，イ…亜寒帯，
　　ウ…温帯，エ…熱帯・亜熱帯
(2) ＝a…熱帯多雨林，b…亜熱帯多雨林，
　　c…雨緑樹林，d…照葉樹林，e…硬葉樹林，
　　f…夏緑樹林，g…針葉樹林，h…サバンナ，
　　i…ステップ，j…砂漠，k…ツンドラ

考え方 降水量が十分である場合には，熱帯地域には熱帯多雨林，亜熱帯地域には亜熱帯多雨林，暖温帯には照葉樹林，冷温帯には夏緑樹林，亜寒帯には針葉樹林が分布する。
また，熱帯地域の雨季と乾季のある地域には雨緑樹林，温帯地域の夏季に雨量の少ない地中海性気候の地域には硬葉樹林が発達する。

❾
(1) 気温　(2) ＝a…針葉樹林，b…夏緑樹林，c…照葉樹林，d…亜熱帯多雨林
(3) ＝a…エゾマツ，トドマツなど
　　b…ブナ，ミズナラなど
　　c…シイ，カシ，クスノキ，タブノキなど
　　d…ビロウ，アコウ，ガジュマルなど

考え方 日本列島は全域にわたって**降水量は十分**であるため，人為的な手(定期的に火入れをして草原を維持するなど)を加えない場合の植生(極相)は森林になる。したがって，**バイオームの分布を決めているのは気温**である。南北に長い日本列島では，緯度方向に沿って 100 km 北に行くにしたがって，気温が約 1℃ 低下する。この緯度のちがいに伴ってバイオームが変わる**水平分布**が見られる。

2章　生態系とその保全……… p.128

❶
(1) 栄養段階
(2) ＝a…ウ，b…イ，c…エ，d…オ，e…ア
(3) ＝①…a，②…c，③…b
(4) d＜c＜b＜a

考え方 (4) 生物量は通常，栄養段階が上になるほど少なくなる。

❷
(1) A…生産者，B…一次消費者，
　　C…二次消費者，D…分解者
(2) ＝①…光合成，②…呼吸，③…燃焼
(3) 化石燃料　(4) サンゴ(貝類)

考え方 (4) 海水中に吸収された CO_2 の一部はサンゴや貝類の働きで**炭酸カルシウム(石灰岩)**として無機環境の中に蓄えられる。

❸
(1) ＝a…窒素固定，b…窒素同化，c…脱窒
(2) ＝ア…マメ，イ…根粒，ウ…亜硝酸，
　　エ…硝酸，オ…脱窒素細　(3) 硝化

考え方 (2)(3) **根粒菌**はマメ科植物と共生して**窒素固定**を行う。

❹
(1) ＝Ⅰ…生産者，Ⅱ…一次消費者，
　　Ⅲ…二次消費者
(2) ＝C…被食量，E…呼吸量　(3) イ
(4) $C_0 － (C_1 + D_1 + E_1 + F_1)$
(5) D_1, F_1, D_2, F_2

考え方 (2) C_0, C_1, C_2 は上の栄養段階に移行しているので**被食量**である。また，Aは光合成と無関係なので最初の**現存量**。Dは分解者に移行するので**枯死量・死滅量**。Fは消費者のみにあるので**不消化排出量**。EはⅠ〜Ⅲすべてにあり，生産者の光合成に関係するが純生産量には含ま

定期テスト予想問題の解答　**139**

れないので呼吸量。残るBは，成長量である。
(3) アは総生産量，総生産量－E_0のイは生産者の純生産量（E_0は呼吸量）である。また，これは成長量＋被食量＋枯死量でも示される。
(4) 一次消費者の成長量は，同化量－（呼吸量＋被食量＋死滅量）である。この同化量は摂食量－不消化排出量であることから考える。

❺
(1) ＝a…イ，b…ア，c…ウ
(2) ＝①…f，②…d　　(3) 自然浄化
(4) 赤潮，水の華（アオコ）のうち1つ

[考え方] (1) 汚水流入地点で有機物を分解する細菌類がふえ，次にこれを捕食する原生動物がふえ，その後に藻類が増加する。
(2) BOD（⇒p.118）は酸素が少なく有機物の多いよごれた水ほど高い数値になるので，塩類の変化（e）を大きくしたようなグラフになる。
(4) プランクトンの異常発生とあるので富栄養化ではなく赤潮や水の華（アオコ）のことである。

❻
(1) 温室効果ガス　　(2) メタン，フロン
(3) 海水面の上昇，生態系の破壊　など

[考え方] (1)(2) 一般には量が多い二酸化炭素がおもな温室効果ガスとして扱われているが，分子の数が同じであればメタンやフロンのほうが強い温室効果を起こすことが知られている。
(3) 地球温暖化により，南極の氷床や大陸氷河が溶けたり，海水が膨張したりして海水面が上昇する。また，気温が上がれば植生は現在の分布より高緯度地域に移るが，温暖化が急激に進めば在来の植物が絶滅したり，それによって砂漠化が進んだりすることが危惧される。

❼
(1) 紫外線　　(2) フロン
(3) オゾンホール　　(4) 白内障，皮膚がん

[考え方] (2) フロンは上空の強い紫外線により分解され塩素を出し，これがオゾンを分解する。

ホッとタイムの解答

p.29
A. アザラシ
B. トビ
C. シマウマ
D. ゾウ
E. ワニ
F. コウモリ
G. コアラ
H. シーラカンス
I. モグラ

p.130
1. アメリカザリガニ
2. ヘビトンボ
3. サカマキガイ
4. チョウバエ
5. ヒラタカゲロウ
6. セスジユスリカ
7. ヤマトビケラ
8. サワガニ

A	B	C	D	E	F	G	H	I
カ	ン	キ	ョ	ウ	カ	ケ	イ	ボ

※環境家計簿…日常生活におけるエネルギー消費をCO_2の重さに換算して，どの程度の負荷を地球環境に与えているのか計算したもの。

さくいん

英字

- ADP ……………… 15
- AIDS ……………… 87
- ATP ……………… 7, 15
- ATPの合成 ……… 20
- A細胞 ……………… 81
- BCG ……………… 87
- BHC ……………… 119
- BOD ……………… 118
- B細胞（すい臓）……… 81
- B細胞（リンパ球）… 84, 85
- COD ……………… 124
- DDT ……………… 119
- DNA ……… 7, 13, 30, 32
- DNA合成期 ……… 34
- DNAポリメラーゼ … 36
- DNA合成準備期 … 34
- ES細胞 …………… 54
- G_0期 ……………… 34
- G_1期 ……………… 34
- G_2期 ……………… 34
- HIV ………………… 87
- iPS細胞 ………… 47, 54
- mRNA ………… 42, 44
- M期 ……………… 34
- NADPH …………… 19
- NK細胞 ………… 84, 85
- PCB ……………… 119
- RNA ………… 13, 30, 42
- RNAポリメラーゼ … 45
- rRNA ……………… 42
- S期 ……………… 34
- tRNA …………… 42, 44
- T細胞 …………… 84, 85
- Tリンパ球 ………… 62

あ行

- アオコ …………… 118
- 赤潮 ……………… 118
- 亜高木層 ………… 95
- 亜硝酸菌 ………… 113
- アセチルコリン …… 74
- アゾトバクター …… 113
- アデニン ……… 15, 30
- アデノシン ………… 15
- アデノシン三リン酸 … 7
- アドレナリン … 80, 81, 82
- アナフィラキシー …… 87
- 亜熱帯多雨林
  …… 95, 102, 103, 104
- アミノ基 …………… 12
- アミノ酸 …………… 12
- アミロース ………… 13
- アミロペクチン …… 13
- アルコール発酵 …… 20
- アレルギー ………… 87
- アレルゲン ………… 87
- アンチコドン ……… 44
- アンモニア ………… 63
- 硫黄酸化物 ……… 118
- 異化 ……………… 14
- 鋳型 ……………… 36
- 一次応答 ………… 86
- 一次消費者 ……… 110
- 一次遷移 ………… 100
- 遺伝子汚染 ……… 123
- 遺伝子資源 ……… 122
- イネ科型 ………… 97
- 陰樹 …………… 99, 101
- インスリン ……… 80, 81
- 陰生植物 …………… 99
- イントロン ……… 44, 46
- 陰葉 ……………… 99
- ウイルス …………… 11
- 右心室 …………… 59
- 右心房 …………… 59
- ウラシル ………… 30, 42
- 雨緑樹林 ………… 103
- 運搬RNA ……… 42, 44
- エイブリー ………… 33
- 栄養段階 ………… 111
- エキソン ……… 44, 46
- 液胞 ……………… 8, 9
- エネルギー代謝 … 14, 114
- 塩害 ……………… 122
- 塩基 ……………… 30
- 塩基配列 ………… 31
- 延髄 ……………… 75
- 塩類細胞 ………… 65
- オゾン層 ………… 121
- オゾンホール …… 121
- オルニチン回路 …… 63
- 温室効果 ………… 120

か行

- ガードン ………… 41
- 階層構造 ………… 95
- 解糖系 …………… 21
- 外部環境 ………… 56
- 外分泌腺 ………… 76
- 開放血管系 ……… 58
- 海綿状組織 …… 18, 24
- 外来生物 ………… 123
- 化学合成細菌 …… 110
- 化学的酸素要求量 … 124
- 核 ………………… 8, 9
- 核型 ……………… 40
- 核酸 ……………… 30
- 核小体 …………… 38
- 獲得免疫 ………… 84
- 核分裂 ………… 38, 40
- 核膜 …………… 9, 38
- 化石燃料 …… 112, 117
- 風散布型 ………… 100
- 活性化エネルギー … 16
- 活性部位 ………… 16
- 滑面小胞体 ………… 8
- 花粉症 …………… 87
- 夏緑樹林
  …… 95, 102, 103, 104
- カルビン・ベンソン回路
  ……………………… 19
- カルボキシル基 …… 12
- カロテノイド ……… 18
- 間期 ……………… 34
- 環境アセスメント … 123
- 環境形成作用 … 101, 110
- 環境ホルモン …… 119
- 環境要因 ………… 94
- 肝細胞 …………… 63
- 環状筋 …………… 60
- 肝小葉 …………… 63
- 乾性遷移 ………… 100
- 肝臓 ……………… 63
- 間脳の視床下部 … 74, 82
- 肝門脈 …………… 63
- キーストーン種 … 116
- 記憶細胞 ………… 86
- 気孔 ……………… 18
- 気根 ……………… 103
- キサントフィル …… 18
- 基質 ……………… 16
- 基質特異性 ……… 17
- ギムザ液 ……… 68, 88
- ギャップ更新 …… 101
- 休眠芽 …………… 94
- 凝固（血液）……… 62
- 胸髄 ……………… 74
- 共生説 …………… 21
- 競争阻害 ………… 16
- 極相 …………… 101
- 極相種 …………… 101
- 極相林 …………… 101
- 拒絶反応 ………… 87
- キラーT細胞 …… 84, 87
- 菌類 ……………… 110
- グアニン ………… 30
- クエン酸 ………… 21
- クライマックス …… 101
- グラナ …………… 8, 18
- クリステ ………… 9, 20
- クリック ………… 31
- グリフィス ……… 33
- グルカゴン …… 80, 81
- グルコース ……… 13

さくいん 141

クローン	47	孔辺細胞	18, 24	酸素ヘモグロビン	61	腎　臓	66
クロストリジウム	113	酵母菌	20	シアノバクテリア		腎単位	66
クロレラ	116	高木層	95		21, 113, 116	浸透圧	64
クロロフィル	18	広葉型	97	師　管	18	心　房	59
形質転換	33	硬葉樹林	103	糸球体	66	針葉樹林	
系統樹	6	呼　吸	7, 20, 112	自己免疫疾患	87		95, 102, 103, 104
血　液	57	呼吸基質	20	視床下部	77, 78	森　林	94, 95, 102
血液凝固	57	呼吸速度	98	自然浄化	118	森林限界	105
血管系	58	呼吸量	115	自然免疫	84	髄　質	66
血球幹細胞	57	枯死量	115	失　活	17	すい臓ランゲルハンス島	
血しょう	57	個体数ピラミッド	111	湿性遷移	100		77, 81
血小板	57	コドン	44	シトシン	30	水素結合	12, 31, 44
血　清	62	コドン表	43	シャルガフ	31	垂直分布	105
血清療法	87	ゴルジ体	9	種	6	水平分布	104
血　栓	62	根粒菌	113	収縮胞	11, 64	スタール	37
血　糖	80			従属栄養生物	14	ステップ	96, 102, 103
血糖値	80	**さ行**		周皮細胞	60	ストロマ	8, 18, 19
血　餅	62			重力散布型	100	スプライシング	44
ゲノム	41, 46	細菌類	110, 116	樹状細胞	84, 85, 86	生産構造図	97
原核細胞	10	最適pH	17	種の多様性	123	生産者	14, 96, 110
原核生物	10	最適温度	17	シュライデン	8	生産層	96
原形質	9	細尿管	66	シュワン	8	生産力ピラミッド	111
減数分裂	34, 35	細　胞	7	循環系	58	星状体	39
原生動物	116	細胞群体	11	純生産量	115	精　巣	77
現存量	115	細胞呼吸	20	硝　化	113	生態系	110
原　尿	66	細胞質	8, 9, 38	硝化菌	113	生態系サービス	122
顕微鏡	22	細胞質基質	9, 20	硝酸菌	113	生態系の平衡	116
高エネルギーリン酸結合		細胞質分裂	38, 40	消費者	14, 110	生態ピラミッド	111
	15	細胞周期	34	小胞体	8	成長ホルモン	80
恒温動物	82	細胞小器官	8, 9	静　脈	60	成長量	115
光化学オキシダント	119	細胞性免疫	84, 85	静脈血	60	生物学的酸素要求量	118
光化学スモッグ	119	細胞説	8	照葉樹林		生物群系	102
光化学反応	19	細胞板	39		95, 102, 103, 104	生物多様性	122
交感神経	74, 75	細胞分裂	34	常緑樹	94	生物濃縮	119
抗　原	85, 87	細胞壁	10, 38, 39	食細胞	85	生物量ピラミッド	111
荒　原	94, 96, 100, 102	細胞膜	7, 9	食作用	57, 62, 84	接眼ミクロメーター	23
抗原抗体反応	86	在来生物	123	植　生	94	赤血球	57
抗原提示	86	柵状組織	18, 24	植物細胞	8	絶滅危惧種	123
光合成	7, 18, 112	鎖骨下静脈	61	食　胞	11	セルロース	9, 13
高次消費者	110	左心室	59	食物網	111	腺	76
恒常性	7, 56	左心房	59	食物連鎖	111	遷　移	100
甲状腺	77	里　山	123	自律神経系	74	先駆種	101
甲状腺刺激ホルモン	79	砂　漠	96, 103	腎　う	66	先駆植物	100
酵　素	16, 43	砂漠化	122	進　化	6	染色体	9, 32
酵素－基質複合体	16	サバンナ	96, 102, 103	真核細胞	10	染色分体	38
抗　体	86	サブユニット	12	真核生物	10	セントラルドグマ	42
抗体産生細胞	86	作　用	110	神経伝達物質	74	線　毛	10
好中球	84, 85	三次消費者	110	神経分泌細胞	78	繊　毛	11
後天性免疫不全症候群		酸性雨	118	心　室	59	線　溶	62
	87	酸素解離曲線	61	腎小体	66	相　観	94, 95

草原	94, 96, 100, 102
相互作用	110
総生産量	115
相同染色体	35, 38
層別刈り取り法	97
草本層	95
藻類	110
組織液	57
粗面小胞体	8

た行

体液	56
体液性免疫	84, 85
ダイオキシン	119
対合	35
体細胞分裂	34, 41
代謝	7, 14
体循環	60
大腸菌	33
大動脈	59
体内環境	56
対物ミクロメーター	23
だ腺細胞	47
だ腺染色体	49
脱窒	113
脱窒素細菌	113
胆管	63
単球	85
炭酸同化	14
胆汁	63
単糖	30
チェイス	33
地球温暖化	120
地中層	95
窒素固定	113
窒素固定細菌	113
窒素酸化物	118
窒素同化	113
地表層	95
チミン	30
着生植物	103
中心体	9, 38
抽水植物	96
貯蔵デンプン	19
チラコイド	19
チロキシン	79, 82
沈水植物	96
ツベルクリン反応	87
つる植物	103

ツンドラ	96, 103
ディフェンシン	84
低木層	95
低木林	101
デオキシリボース	30
デオキシリボ核酸	7, 30
テロメア	37
デング熱	120
電子伝達系	19, 21
転写	42, 43, 44
転流	19
伝令RNA	42, 44
糖	30
同化	14
同化器官	97
同化デンプン	19
同化量	115
道管	18
動原体	40
糖質コルチコイド	80, 81, 82
糖尿病	67, 80, 81
動物細胞	8
動物散布型	100
洞房結節	59, 75
動脈	60
動脈血	60
特定外来生物	123
独立栄養生物	14
トリプレット	43
トロンビン	62

な行

内皮	60
内部環境	56
内分泌攪乱化学物質	119
内分泌腺	76
ナショナルトラスト運動	123
ナチュラルキラー細胞	85
二価染色体	35
二次応答	85, 86
二次消費者	110
二次遷移	100, 101
二重染色	42
二重らせん構造	13, 31
二次林	123
乳酸発酵	20

乳び管	61
尿	67
ヌクレオチド	13, 30
ヌクレオチド鎖	42
熱帯多雨林	95, 102, 103
ネフロン	66
脳下垂体	77
能動輸送	65
ノルアドレナリン	74

は行

ハーシー	33
バイオーム	102
パイオニア植物	100
肺循環	60
肺静脈	59
肺動脈	59
バクテリオファージ	11, 33
拍動	59
白内障	121
白血球	57
発現	32, 42
パフ	47, 49
半透膜	64, 66
半保存的複製	36
ヒストン	32
被食量	115
非生物的環境	110
被度	106
非同化器官	97
皮膚がん	121
標的器官	76
日和見感染	87
ビリルビン	63
ビルビン酸	21
頻度	106
フィードバック	78, 82
フィブリノーゲン	62
フィブリン	62
フィブリン溶解	62
フィルヒョー	8
富栄養化	118
副交感神経	74, 75
副甲状腺	77
副腎	66, 77
副腎皮質刺激ホルモン	79

複製	36, 40
不消化排出物	115
腐植	95
浮水植物	96
フック	8
物質循環	112
浮葉植物	96
プラスミド	32
プランクトン	96
プロトロンビン	62
フロン	121
分化	41
分解者	110, 112
分裂期	34
分裂準備期	34
閉鎖血管系	58, 68
ペイン	116
ペースメーカー	59, 75
ベクター	32
ペプチド結合	12, 45
ヘム	12
ヘモグロビン	12, 57, 61, 63
ヘルパーT細胞	84, 86, 87
変温動物	82
変性	12
鞭毛	10
方形枠法	94, 106
房室弁	59
放射性同位体	33
紡錘糸	39, 40
紡錘体	39, 40
ボーマンのう	66
補酵素	19
母細胞	34
補償深度	96
ホメオスタシス	7, 56
ポリペプチド	61
ポリペプチド鎖	45
ホルモン	76
翻訳	42, 43, 44

ま行

マクロファージ	62, 84, 85, 86
マトリックス	9, 20
マルピーギ小体	66
マングローブ林	103

ミーシャー ……………… 30	有機水銀 ……………… 119	裸 地 ……………… 100	リンパしょう ……………… 57
ミクロメーター ……………… 23	有機スズ ……………… 119	卵 割 ……………… 41	リンパ節 ……………… 57, 61
水の華 ……………… 118	優占種 ……………… 94	卵 巣 ……………… 77	レーウィ ……………… 74
密度勾配遠心法 ……… 37	優占度 ……………… 106	ラントシュタイナー …… 73	レッドデータブック … 123
ミトコンドリア	輸尿管 ……………… 66	リソソーム ……………… 8	ロバート フック …… 8
……………… 8, 9, 20, 42	陽 樹 ……………… 99, 101	リゾチーム ……………… 84	
娘 核 ……………… 39	陽樹林 ……………… 101	リボース ……… 15, 30, 42	**わ行**
娘細胞 ……………… 34, 39	陽生植物 ……………… 99	リボ核酸 ……………… 30, 42	
迷走神経 ……………… 74	溶存酸素量 ……………… 118	リボソーム ……………… 8, 45	ワクチン ……………… 87
メセルソン ……………… 37	陽 葉 ……………… 99	リボソームRNA ……… 42	ワトソン ……………… 31
免 疫 ……… 57, 61, 84	葉緑体 ……… 8, 9, 18, 24, 42	緑色植物 ……………… 110	
免疫グロブリン …… 85, 86	抑制ホルモン …………… 78	林 冠 ……………… 95	
毛細血管 ……………… 60, 66		リン酸 ……………… 15, 30	
	ら行	林 床 ……………… 95	
や行		リンパ液 ……………… 57, 61	
	ラウンケルの生活形 … 94	リンパ球 ……… 57, 61, 84	
焼 畑 ……………… 121	落葉樹 ……………… 94	リンパ系 ……………… 58	

■ 本書をつくるにあたって，次の方々にたいへんお世話になりました。

● 編集協力　アポロ企画
● 図版協力　小倉デザイン事務所　　藤立育弘
● 写真提供　OPO/OADIS　　気象庁　　京都大学　山中伸弥教授　高山直也助教
　　　　　　㈱ヤクルト本社中央研究所

シグマベスト
これでわかる生物基礎

編　者　文英堂編集部
発行者　益井英郎
印刷所　中村印刷株式会社
発行所　株式会社　文英堂

〒601-8121　京都市南区上鳥羽大物町28
〒162-0832　東京都新宿区岩戸町17
　（代表）03-3269-4231

本書の内容を無断で複写（コピー）・複製・転載することは，著作者および出版社の権利の侵害となり，著作権法違反となりますので，転載等を希望される場合は前もって小社あて許諾を求めてください。

● 落丁・乱丁はおとりかえします。

Ⓒ 矢嶋正博　2012　　　Printed in Japan